Robert Halleux

Le savoir de la main

Savants et artisans dans l'Europe pré-industrielle

ARMAND COLIN

Ouvrage publié sous la direction de Guy Stavridès

Légende de la couverture : Pompes d'exhaure dans les mines de Saxe d'après Georg Agricola, *De re metallica*, Bâle, Froben, 1556 (collection CHST)

ISBN : 978-2-200-35373-5
Internet : http://www.armand-colin.com

ARMAND COLIN ÉDITEUR• 21, RUE DU MONTPARNASSE • 75006 PARIS

Anaxagore dit que l'homme
est le plus raisonnable des animaux
parce qu'il a des mains.

(ARISTOTE, *Parties des animaux*, IV, 10, 687 A 7, citant
ANAXAGORE, A 102, traduction de Jean-Paul Dumont)

Avant-propos

L'idée de ce livre m'est sans doute venue dans ma petite enfance à l'atelier d'estampage où travaillait mon grand-père. Sous les coups du marteau-pilon, l'acier rougi prenait forme, puis le vieil homme le jetait dans l'eau froide, avec des sifflements et des jets de vapeur. J'ignorais alors que, vingt-huit siècles avant moi, Homère s'était pareillement émerveillé devant ce savoir mystérieux et redoutable. « Dans l'eau froide du bain qui trempe le métal, quand le maître bronzier plonge une grande hache ou bien une doloire, le fer crie et gémit »[1].

Bien plus tard, alors que j'étudiais les lettres classiques, je visitai le massif minier du Laurium, d'où les Athéniens du temps de Thémistocle avaient tiré l'argent et le plomb. Près du village de Megala Pevka, mon guide, un ingénieur érudit[2], me fit remarquer dans les broussailles un grand anneau de marbre de plusieurs mètres de diamètre dont la surface se creusait d'un chenal fait d'un chapelet de cupules. Je lui suggérai niaisement que cette construction devait avoir une destination religieuse. Mais sans sourciller il me répondit que c'était plutôt une laverie hélicoïdale où le minerai d'argent, entraîné par l'eau de lavage, se classe dans les cupules par ordre de poids spécifique décroissant. Il ajouta que les Anciens l'avaient construite sans aucune connaissance d'hydrodynamique théorique et qu'aucun texte ancien n'en parlait. Ainsi se trouva posé un problème qui depuis ce temps ne m'a plus quitté, le rapport entre le savoir de la main et la science des savants.

Galilée n'a pas inventé la lunette. Il a tourné vers le ciel un outil qui se vendait sur les marchés des Pays-Bas. Le polissage des lentilles a précédé la dioptrique, la boussole a précédé l'électromagnétisme, et l'on construisit des pompes sans idée du vide ou de la pression atmosphérique. Aujourd'hui, il

1. HOMERE, *Odyssée*, IV, 391-394, traduction de Victor Bérard.

2. C. E. CONOPHAGOS, *Le Laurium antique et la technique grecque de la production de l'argent*, Athènes, 1980, p. 248-282.

n'y a plus d'avancée technologique majeure sans recherche scientifique à la base. Il n'en fut pas toujours ainsi. Ce n'étaient pas les mêmes hommes qui écrivaient les livres et qui pratiquaient les arts et métiers. Pendant deux millénaires, les paysans et les éleveurs, les mineurs, les fondeurs et les armuriers, les maçons, les charpentiers et les constructeurs de navires, les potiers et les verriers, les tanneurs et les teinturiers, les orfèvres, émailleurs et enlumineurs, les hommes de guerre, les artilleurs et les fontainiers ont constitué un trésor de connaissances que l'on peut reconstituer souvent par conjecture à partir des archives et des documents archéologiques, et qui est très différent du savoir universitaire et parfois plus avancé. Entre clercs et artisans, entre savoir docte et savoir technique, quelles traverses, quels transferts, quelles osmoses ?

Une des laveries hélicoïdales du Laurium,
cliché Constantin Conophagos, collection CHST

Ce type de questionnement a été peu mis en œuvre. C'est qu'il dérange les structures traditionnelles d'une discipline où historiens des sciences et historiens des techniques se tournent radicalement le dos. En 1974, Guy Beaujouan écrivait « Pour ce qui est du Moyen Âge, l'historien des sciences travaille comme celui de la philosophie. L'historien des techniques est, au contraire, beaucoup plus proche de l'archéologie. On peut, dès lors, se demander si, avant de reprocher au Moyen Âge un excessif cloisonnement entre « clercs » et praticiens, il ne faudrait pas d'abord constater un manque d'interdisciplinarité entre, d'une part, l'histoire des idées et d'autre part l'histoire de l'art, des découvertes géographiques, voire de l'économie »[3]. Ce manque d'interdisciplinarité, peut-être lié aux conditionnements sociaux des historiens eux-mêmes, a conduit à des impasses historiographiques. Seul Joseph Needham, dans ses travaux sur la Chine ancienne, a mis en rapport stratifications sociales et structures du savoir[4].

Pour l'Europe, la recherche est ouverte et le présent ouvrage a pour seul but d'y baliser un parcours. Il comprend trois parties, de longueurs croissantes, et un épilogue.

La première partie est historiographique. On y verra comment l'histoire des sciences et l'histoire des techniques, issues d'une même réflexion sur l'invention, se sont constituées en disciplines autonomes et ont développé indépendamment leurs concepts et leurs méthodes.

La deuxième partie étudie les conditions de l'interface entre savoir artisanal et savoir docte. Il est vrai que la pensée scientifique d'un côté et les arts et métiers, de l'autre, n'ont pas évolué au même rythme, et que leurs grandes mutations ne coïncident pas. Mais du côté des savants les classifications du savoir humain, qui reflètent des systèmes de valeurs, ont accordé à la technique une place croissante, assurant ainsi des espaces de perméabilité. Du côté des techniciens, la codification progressive des connaissances en corps de doctrine a permis et même suscité la migration d'exemples, de problèmes, de méthodes, de modèles.

La troisième partie étudie la translation du savoir des techniciens vers les doctes et son rôle dans la grande mutation que l'on est convenu d'appeler la Révolution Scientifique. On y développe l'idée que les éléments les plus novateurs viennent de la pratique technicienne. Ainsi la méthode expérimentale s'enracine dans les secrets d'atelier, dans les tâtonnements des alchimistes, dans l'essai des substances chez les monnayeurs et les marchands. La nouvelle théorie de la matière est en germe chez les métallurgistes et la notion

3. G. BEAUJOUAN, *Réflexions sur les rapports entre théorie et pratique au Moyen-Age* dans J. E. MURDOCH et E. D. SYLLA (eds), *The Cultural Context of Medieval Learning*, Dordrecht-Boston, 1974, p. 437-484, spéc. p. 443.

4. G. BLUE, *Joseph Needham, Heterodox Marxism and Chinese Science* dans A. ARRAULT, C. JAMI, *Science and Technology in East Asia. The Legacy of Joseph Needham, Proceedings of the XXth International Congress of History of Science*, t. IX, Turnhout, 2001, p. 11-20.

d'élément chez les distillateurs. En cherchant la raison des machines, les ingénieurs esquissent le modèle d'un monde mécanisé et se dotent des instruments nécessaires à l'expérimentation et à la quantification des phénomènes.

L'épilogue esquisse, à partir de la Révolution Scientifique, une translation en sens inverse. Maîtresse de son outillage physico-mathématique, la « nouvelle science » entreprend de se soumettre les arts et métiers pour « affranchir les artisans de la routine » et « fonder leur pratique sur des bases certaines ». Ce sera l'œuvre des Académies, fonctionnant comme bureaux d'études, et du haut enseignement technique. On verra ainsi comment la science académique discipline successivement les constructeurs, les navigateurs, les hydrauliciens, les chimistes, les métallurgistes. Ainsi s'esquisse un concept de « science appliquée ». C'est l'entame d'un autre travail.

Il paraît que l'on écrit toujours le même livre. Celui-ci s'efforce de synthétiser de nombreuses études de cas que j'ai menées dans mes précédents travaux. J'en ai esquissé les hypothèses générales dans plusieurs articles du *Dictionnaire de la science classique*, que j'ai fait avec Michel Blay[5] et dans l'une ou l'autre communication[6]. Il doit beaucoup à l'enseignement de Guy Beaujouan et de Bertrand Gille, à de longs entretiens avec Emmanuel Poulle, académicien horloger, avec mes chercheurs de Liège, Geneviève Xhayet, Philippe Tomsin, Jan Vandersmissen, Pascal Lefèbvre, et bien plus encore à tous les gens de métier avec qui j'ai travaillé ou milité. Il n'aurait pas abouti sans Fabienne Hendricé, Gabrielle Lequeue et Thierry Mozdziej, qui ont mis au point un manuscrit torturé, et sans Edina Bozoky avec qui j'ai partagé questions, découvertes et tourments. Si bref que soit le livre, son enjeu n'est pas mince. L'histoire des sciences, telle qu'on la pratique et telle qu'on l'enseigne, est un pur produit de l'orgueil scientiste. Pour se développer, elle a dû chasser de son territoire les pseudo-sciences, les savoirs techniques, les savoirs populaires d'Occident, et les savoirs des peuples sans écriture que l'Occident domine. Le temps est peut-être venu de rêver à une histoire transculturelle des savoirs.

Saint-Sauvant, le 15 août 2009.

5. Michel BLAY, Robert HALLEUX, *La science classique XVe – XVIIIe siècle. Dictionnaire critique*, Paris, Flammarion, 1998.

6. R. HALLEUX, « Les origines artisanales de la Révolution Scientifique », dans *La matière & l'esprit*, 5 (juin 2006) p. 9-26.

PREMIÈRE PARTIE

SCIENCES, TECHNIQUES ET HISTOIRES

Chapitre 1

Les trois cultures

Dans son ouvrage séminal *Les deux cultures*, paru en 1960, le physicien britannique C. P. Snow dénonçait l'hiatus entre la culture scientifique et la culture humaniste de l'intellectuel moyen[1]. Le diagnostic n'a rien perdu de sa pertinence, l'« affaire Sokal » l'a montré [2]. Mais il y a un écart bien plus grand, celui qui sépare la culture scientifique et la culture technique.

Le concept de culture scientifique, technique et industrielle s'est peu à peu accrédité dans le monde francophone dans les années 1980, avec la création de centres spécialisés et la tenue d'États Généraux à la Villette en 1989[3]. Mais en réalité, on pourrait dire que le terme même est une succession d'oxymores, c'est-à-dire de vocables qui ne vont pas ensemble : culture avec scientifique, scientifique avec technique, l'ensemble avec industrielle.

Si on ouvre à l'article « Culture » le *Grand Dictionnaire de la philosophie*[4] de Michel Blay on lit : « Le mot culture comporte deux sens. L'un, en mouvement, désigne le processus par lequel un esprit se forme, par l'éducation, mais aussi par l'expérience, à l'autonomie du jugement. L'autre, statique, désigne un ensemble figé de contenus de savoir dont le nombre et la nature sont fixés par l'état d'une civilisation (…). Dans la période moderne,

1. C. P. SNOW, *The two cultures*, Cambridge, 1959 (1re partie), 1964 (2e partie), tr. fr. *Les deux cultures,* suivi de *Supplément aux deux cultures*, Paris, Pauvert, 1968. Dans la même ligne, voir Lindsay Waters, *L'éclipse du savoir*, Paris, 2008.

2. Alan SOKAL, Jean BRICMONT, *Impostures intellectuelles*, Paris, Odile Jacob, 1997.

3. Voir dernièrement l'important rapport de Marie-Christine BLANDIN et Ivan RENAR, « La culture scientifique et technique pour tous : une priorité nationale ». Rapport d'information fait au nom de la Commission des Affaires culturelles pour la mission d'information chargée d'étudier la diffusion de la culture scientifique (Rapports du Sénat, n° 392, 10 juillet 2003).

4. André CHARRAK, Article « Culture », dans M. BLAY (dir.), *Grand Dictionnaire de la philosophie*, Paris, Larousse-CNRS, 2003, p. 230.

la culture a pu être opposée à la science et à la technique, comme si les œuvres qui relèvent de ces disciplines devaient être jugées à part et bannies de ce qu'un citoyen doit connaître pour apprendre à juger seul. L'un des enjeux contemporains de la culture tient dans cette réconciliation entre humanités et sciences ». En fait, c'est C. P. Snow qui a lancé un vibrant appel à une « mise en culture » de la science. Il s'en faut de beaucoup cependant qu'elle soit aujourd'hui réalisée. Comme l'écrit Jean-Marc Lévy-Leblond[5] : « Pour certains, la science est totalement étrangère à la culture, entendue au sens des « humanités » ; pour d'autres, elle est devenue la culture d'aujourd'hui supplantant des formes classiques dépassées ». Et à propos de la thèse de Snow, il soulève une double objection : « D'une part, la culture ne mérite son nom qu'à condition d'être « une et indivisible ». D'autre part, pour que la science puisse prétendre à un statut culturel, il faudrait qu'elle présente au moins deux caractères qui lui font grandement défaut, en tout cas dans ses formes présentes : une conscience historique et une dimension critique. Contrairement à la littérature et à la musique, la science n'entretient pas avec son histoire ce rapport de ressaisie permanente par quoi les œuvres du passé sont reprises et dotées de sens toujours nouveaux (...). Quant à la critique, elle se borne, dans le cas de la science, au seul examen par les pairs de la conformité méthodologique des travaux soumis à publication ; rien qui se rapproche là du rôle essentiel de la critique littéraire, artistique ou musicale : permettre l'évaluation par des non-spécialistes de la pertinence et du sens des œuvres nouvelles (...). Le hiatus croissant entre les savoirs scientifiques et leur vulgarisation découle en vérité du manque d'assimilation critique de ces savoirs par leurs producteurs eux-mêmes ».

Quant à la notion de culture technique, elle remonte peut-être aux années 50 avec la revue *Techniques et civilisations*[6] ou en 1959 avec *Technology and Culture*[7], mais c'est le Centre de Recherches sur la Culture Technique, fondé par Jocelyn de Noblet, qui œuvra le plus à en clarifier les contenus dans sa revue *Culture technique* qui portait en exergue la devise « Le hasard n'aide que les esprits préparés »[8].

L'union en un seul concept de la culture scientifique et de la culture technique est bien fondée en amont puisque la science et la technique s'enracinent toutes deux dans le processus de création. Elle est bien fondée en aval puisqu'il n'y a plus aujourd'hui de progrès technique majeur sans recherche

5. J.-M. LÉVY-LEBLOND, art. « Culture », dans N. WITKOWSKI (éd.), *Dictionnaire culturel des sciences*, Paris, Seuil, 2001, p. 121. Voir du même auteur *L'esprit de sel*, Paris, Seuil, 1991 ; *La pierre de touche*, Paris, Gallimard, 2006.

6. La revue *Techniques et civilisations* prit en 1951 la suite de *Métaux et civilisations*, née dans le mouvement de création du Musée du Fer de Nancy.

7. Publiée par l'American Society for the History of Technology à partir de 1959.

scientifique à la base, et que toute démarche scientifique est solidaire de ses applications[9]. Cependant, elle se heurte à bien des réticences. Cela tient non seulement à l'antagonisme séculaire entre les facultés scientifiques et les écoles d'ingénieurs, mais plus généralement au mépris dans lequel on a tenu l'enseignement technique et les professions auxquelles il conduit. Et si l'on ajoute à « culture scientifique et technique » le mot « industrielle », on se réfère certes au cadre naturel dans lequel se déploie la technique, mais on fait intervenir du même coup, non pas seulement des connaissances d'un autre ordre, comme l'économie, mais encore des comportements, comme l'esprit entrepreneurial, ou encore des valeurs réelles ou prétendues comme la rentabilité ou le profit, c'est-à-dire que l'idéologie n'en est jamais absente.

Répondant à Jean-Marc Lévy-Leblond, qui dénonçait le déclin de la culture scientifique, François Sigaut écrivait[10] : « L'historien des techniques que j'essaie d'être ne fait que demander aux scientifiques de balayer devant leur porte. Pourquoi tant d'entre eux snobent-ils la technique, aussi naturellement et ingénument que les littéraires snobent la science ? Sans avoir les mêmes excuses, car que serait la science sans la technique ? Voilà un premier point sur lequel on pourrait essayer de s'entendre. (Re)mettre la science en culture, ça ne pourra marcher que si on y (re)met aussi la technique. A condition toutefois de prendre la technique pour ce qu'elle est, et pas seulement comme auxiliaire ou application de la science. Que la technique et la science soient souvent associées, c'est l'évidence, mais cela ne doit pas faire oublier cette autre évidence que plus souvent encore la technique n'est pas associée à la science. Oserai-je redire, après tant d'autres, que la technique commence dès le début du Paléolithique inférieur, alors que la science n'a pu commencer à exister qu'après l'écriture (qui est une technique). On ne peut pas comprendre la science si on fait abstraction de la technique, mais on ne peut pas comprendre la technique si on en fait une sorte d'accessoire de la science ».

8. Le Centre de Recherches sur la Culture Technique (CRCT) est issu de la Conférence Nationale sur la Culture Technique organisée à Annonay en octobre 1979. Il publie en 1981 un manifeste pour le développement de la culture technique. La revue *Culture technique* fut créée en même temps que le CRCT. Chaque numéro était le résultat d'un séminaire de réflexion sur un sujet soigneusement choisi en fonction de son actualité et de sa capacité à mettre en évidence le concept de culture technique. C'est lui qui a élaboré en février 1979 le concept de CCSTI (Centre de Culture Scientifique, Technique et Industrielle) à l'occasion d'une étude réalisée par Jocelyn de Noblet pour le compte du Ministère de l'Industrie et du BNIST. Ces centres sont conçus comme des institutions régionales qui s'articulent tout autant autour d'activités créatives et d'ateliers que d'activités relatives à la muséographie et à la préservation du patrimoine.

9. Voir le très important recueil édité par D. MORALI, M.-C. DAUVISIS, B. SICARD, *Culture technique et formation. Actes du colloque organisé par l'AECSE, 17-18 décembre 1987*, Nancy, Presses Universitaires, 1991.

10. François Sigaut, *(Re)mettre la science en culture : Le rocher de Sisyphe.* A paraître dans *Alliage*. Je remercie François Sigaut de m'avoir communiqué son manuscrit.

Le concept de culture scientifique, technique et industrielle est encore un chantier. La dichotomie qu'il s'efforce de réduire a des racines profondes et anciennes.

Ouvrons de Diderot, l'article « Art » dans l'*Encyclopédie*[11] : « C'est l'industrie de l'homme appliquée aux productions de la nature ou par ses besoins, ou par son luxe, ou par son amusement, ou par sa curiosité, etc., qui a donné naissance aux Sciences et aux Arts, et ces points de réunion de nos différentes réflexions ont reçu la dénomination de Science et d'Art selon la nature de leurs objets *formels*, comme disent les logiciens (...) Si l'objet s'exécute, la collection et la disposition technique des règles selon lesquelles il s'exécute, s'appellent *Art*. Si l'objet est contemplé seulement sous différentes faces, la collection et la disposition technique des observations relatives à cet objet s'appellent *Science*, ainsi la *Métaphysique* est une *science*, et la *Morale* est un *art*. Il en est de même de la Théologie et de la Pyrotechnie. Il est évident par ce qui précède que tout *art* a sa spéculation et sa pratique ; sa spéculation, qui n'est autre chose que la connaissance impérative des règles de l'*art*, sa pratique qui n'est que l'usage inhabituel et non réfléchi des mêmes règles. Il est difficile, pour ne pas dire impossible, de pousser plus loin la pratique sans spéculation, et réciproquement de bien posséder la spéculation sans la pratique (...) En examinant les productions des *arts*, on s'est aperçu que les uns étaient plus l'ouvrage de l'esprit que de la main, et qu'au contraire d'autres étaient plus l'ouvrage de la main que de l'esprit. Telle est *en partie* l'origine de la prééminence que l'on a accordée à certains arts sur d'autres, et de la distribution que l'on a faite des arts libéraux et des arts mécaniques. Cette distinction, quoique bien fondée, a produit un mauvais effet, en avilissant des gens très estimables et très utiles, et en fortifiant en nous je ne sais quelle paresse naturelle, qui ne nous portait déjà que trop à croire que donner une application constante et suivie à des expériences et des objets particuliers, sensibles et matériels, c'était déroger à la dignité de l'esprit humain ».

Diderot fournit une double distinction, sciences et arts, arts libéraux et arts mécaniques.

La division science-art (*scientia-ars*, *épistèmè-technè*) vient d'Aristote[12], « de l'expérience est tiré le principe de l'art et de la science, de l'art si cela concerne une production, de la science si cela concerne l'étant ». Si le mot

11. DIDEROT, article « Art » dans *Encyclopédie ou dictionnaire raisonné des Sciences, des Arts et des Métiers*. Par une société de Gens de Lettres, t. I, Paris, 1751. On utilise l'édition *Diderot – Encyclopédie I (Lettre A) édition critique et annotée* présentée par J. LOUGH et J. PROVOST, Paris, 1976, p. 495-509.

12. Aristote, *Seconds Analytiques*, B 19, 100 a 6-9.

épistèmè, *scientia*, désigne à l'origine toute espèce de connaissances ayant une méthode déterminée et un objet de valeur universelle (ainsi la théologie selon Diderot), son acception se restreint peu à peu, depuis la Révolution scientifique, aux sciences d'observation, d'expérience et de calcul. Ainsi Pascal, dans un fragment de préface du *Traité du vide*[13] écrit « Toutes les sciences qui sont soumises à l'expérience et au raisonnement doivent être augmentées pour devenir parfaites ; les anciens les ont trouvées seulement ébauchées et nous les laisserons à ceux qui viendront après nous dans un état plus accompli que nous les avons reçues ». Cette restriction trouvera son application institutionnelle dans la création de l'Académie Royale des Sciences, puis des Facultés des Sciences, créées par Napoléon Ier dans le cadre de l'Université Impériale en 1808 et organisées en 1809. Pour la période qui précède la Révolution scientifique, le concept de science n'est pas pertinent. Les sciences du ciel et de la terre sont, jusqu'au XVIIe siècle, le champ de la philosophie naturelle, c'est-à-dire de la physique au sens ancien[14].

Pour ce qui est de *technè, ars*[15], il est construit sur la même racine que *teukhô* « fabriquer » et *tektôn* « charpentier ». Il désigne d'abord le tour de main de l'artisan, spécialement en métallurgie, puis un ensemble de règles et de moyens, une méthode pour produire ou pour agir. Comme on le verra, la distinction des arts libéraux et des arts mécaniques est sociale avant d'être épistémologique. Ce que nous appelons la technique correspond aux arts mécaniques dans leur acception du XVIIIe siècle, où le mot artiste désigne un artisan et où l'on crée le Conservatoire national des Arts et Métiers. C'est le sens du mot technique comme substantif (1846)[16].

Il s'agira donc d'étudier, dans les pages qui suivent, les interactions entre deux cultures et deux champs du savoir : le champ du savoir exploité aujourd'hui par les sciences d'observation et de calcul et autrefois par certains arts libéraux et la philosophie naturelle ; le champ du savoir exploité dans les pratiques productives, c'est-à-dire les arts mécaniques.

13. PASCAL, « Fragment de préface au traité du vide », éd. J. Mesnard, Pascal. *Œuvres complètes*, II, Paris, 1971, p. 772-785.

14. Rodolphe GOCLENIUS, *Lexicon philosophicum*, Francfort, 1613, s.v. physica.

15. Rudolf LÖBL, *Techne-τέχνη. Untersuchungen zur Bedeutung dieses Worts in der Zeit von Homer bis zu Aristoteles. I. Von Homer bis zu den Sophisten*, Königshausen & Neumann, 1997 ; t. II. *Von den Sophisten bis zu Aristoteles*, 2003.

16. Nous éviterons soigneusement dans ce livre d'employer le mot *technologie* dont le sens fait l'objet de grands débats. Voir la très belle préface de François Sigaut au recueil d'André-Georges HAUDRICOURT, *La technologie science humaine*, Paris, EMSH, 1987, p. 9-32.

Chapitre 2

Deux historiographies qui se tournaient le dos

À l'été 2005, l'Union Internationale d'Histoire et de Philosophie des Sciences décidait d'ajouter à son nom les mots « et des techniques ». C'était la fin d'une époque où l'on était historien des sciences ou historien des techniques, mais pas les deux. C'était aussi la conclusion d'une longue histoire où deux branches de la recherche historique issues du même questionnement avaient longtemps divergé pour enfin se découvrir complémentaires.

L'invention comme concept unificateur

L'histoire du savoir est aussi vieille que le savoir lui-même. Chez les Grecs et les Romains, elle prend la forme de l'heurématographie, c'est-à-dire la recherche des inventeurs, *protos heuretès*, *quis quid primus invenerit*[1]. Des listes d'inventeurs sont gravées sur le mur des temples. Dès le IVe siècle avant notre ère, des catalogues systématiques sont dressés par Ephore[2], et le livre VII de Pline l'Ancien[3] récapitule les catalogues alexandrins. Les inventions les plus diverses, théoriques et pratiques, sont mises sur le même pied. Commun est le concept d'invention (l'*eurêka* d'Archimède) et, en corollaire, celui de propriété intellectuelle. Divers sont aussi les inventeurs.

Par la lettre 90 de Sénèque[4], on sait que le philosophe Posidonius d'Apamée (IIe/Ier s. av. J.-C.) attribuait aux sages l'invention des arts utiles,

1. M. KREMMER, *De catalogis heurematum*, thèse, Leipzig, 1890 ; A. KLEINGÜNTHER, *Protos heuretès* Leipzig, 1936 (Philologus, Supplt Bd).
2. EPHORE, 70 F 104-106, Jacoby.
3. PLINE, VII, 191-215.
4. SENEQUE, *Lettres à Lucilius*, XIV, 90.

construction, charpenterie, métallurgie, tissage, agriculture. Posidonius s'efforçait aussi d'élucider la théorie même de l'invention, qu'il expliquait par deux mécanismes : le hasard, comme la découverte des mines d'Espagne grâce à un incendie de forêt qui aurait liquéfié les têtes de filons[5] ; l'imitation de la nature (*mimesis*), comme le moulin qui imite l'action des dents de l'homme[6] ou le bateau qui imite le poisson[7]. Le concept de *mimesis* technique est récurrent chez Pline l'Ancien ; il enfermera pour des siècles les techniciens dans un piège, par exemple les machines volantes à ailes battantes.

Jusqu'au XVIIIe siècle, et probablement bien au-delà, l'histoire des sciences et des techniques se résume au catalogue des inventions et à la recherche des précurseurs. En témoigne le succès prodigieux du *De inventoribus rerum*[8] (1488) de Polydore Virgile (1470-1555). Il y étudie pêle-mêle les inventeurs de la religion, des belles-lettres, de la musique et de la philosophie, des poids et des mesures, de la médecine, de la botanique, des armes, des machines de guerre, de l'équitation, des onguents, des métaux, des outils, de la peinture, de l'agriculture, de la fortification, de la prostitution... Ces catalogues sont sous-tendus par une intuition de l'unité de l'expérience humaine.

C'est au sein de cette tradition qu'émerge une notion de progrès dès lors qu'il s'agit de départager les inventions des anciens et celles des modernes. Dans deux ouvrages, Guido Pancirolli oppose les inventions des Anciens perdues et retrouvées[9] et les inventions modernes inconnues des Anciens[10]. Cette démarche sera poussée jusqu'à la caricature en plein siècle des Lumières dans le livre paradoxal de Dutens sur l'origine des découvertes attribuées aux modernes[11].

Ainsi structurée autour du concept d'invention, cette tradition affirme la solidarité des sciences et des arts. En 1758, Yves Goguet affirme encore « L'histoire des lois des arts et des sciences est à proprement parler l'histoire

5. SENEQUE, *Lettres*, XIV, 90, 10 ; LUCRECE, II, 1241-1250 ; DIODORE, V, 35, 5 ; STRABON, III, 2, 9 ; ATHENEE, VI, 233c.

6. SENEQUE, *Lettres*, XIV, 90, 22.

7. SENEQUE, *Lettres*, XIV, 90, 25.

8. On utilise l'édition *Polydori Vergilii Urbinatis de rerum inventoribus libri VIII et de prodigiis libri III*, Leyde, Franciscus Hegerus, 1644.

9. *Rerum Memorabilium iam olim deperditarum et contra recens atque ingeniose inventarum libri duo a Guidone Pancirollo I.C. clariss. Italice primum conscripti, nec unquam hactenus editi. Nunc vero et Latinitate donati et notis quamplurimis ex Iurisconsultis, Historicis, Poetis et philologis illustrati per Henricum Salmuth*, Amberg, Forster, 1599.

10. *Nova Reperta sive Rerum Memorabilium recens inventarum et veteribus incognitarum Guidonis Pancirolli, Icti clarissimi Liber Secundus Ex Italico Latine redditus et commentariis illustratus ab Henrico Salmuth*, 3e éd., Amberg, Michael Forster, 1612.

11. L. DUTENS, *Origine des découvertes attribuées aux Modernes*, 2e éd., Paris, 1776, 2 vols.

de l'esprit humain »[12]. Il ajoute « J'ai cru que l'article des Sciences devait suivre immédiatement celui des Arts, puisqu'elles doivent leur naissance à des pratiques purement méchaniques et à des routines très grossières. Ce n'est que peu à peu que l'expérience a éclairé les Peuples, et que par une suite continuelle de réflexions et de combinaisons, ils sont parvenus à se former des principes, et à élever leurs découvertes et leurs connaissances à ce degré auquel on a pu véritablement les honorer du nom de sciences ». L'ouvrage de Johann Beckmann, *Beyträge zur Geschichte der Erfindungen*[13] (contribution à l'histoire des inventions), publié de 1783 à 1805, et qui se lit encore aujourd'hui avec profit, s'inscrit dans le programme unitaire de l'Université de Göttingen et de sa Société des Sciences qui ambitionnaient d'écrire l'histoire complète des arts et des sciences depuis leur renaissance jusqu'à la fin du XVIIIe siècle[14].

Une histoire des sciences internaliste et philosophique

C'est le positivisme qui a créé l'histoire des sciences[15]. Ceux qui passent pour les pères fondateurs de la discipline, George Sarton et Aldo Mieli, se réclament explicitement d'Auguste Comte. Pour lui, l'épistémologie des sciences positives doit remplacer la spéculation philosophique et se fonder sur l'histoire. L'histoire des sciences illustre la loi générale de développement de l'esprit humain, c'est-à-dire la loi des trois états. Mais il concentre son attention sur les sciences d'observation et de calcul. L'histoire des sciences est désormais coupée de l'histoire de la technique et de la société.

Les historiens d'inspiration positiviste opèrent dans le passé une double sélection. D'une part, ils y cherchent les premiers linéaments de la science moderne en privilégiant les tentatives qui ont réussi, en éliminant les fausses pistes et les fausses sciences (c'est ce que les historiens anglo-saxons appellent la perspective *whig*). D'autre part, ils privilégient les mécanismes internes du développement scientifique, et tiennent pour négligeable le rôle des autres formes de pensée, de la technique, du contexte économique et social.

12. Jean-Yves GOGUET, *De l'origine des loix, des arts et des sciences et de leurs progrès chez les anciens peuples*, Paris, 1758, p. XXVI.

13. J. BECKMANN, *Beyträge zur Geschichte der Erfindungen*, Leipzig, 1783-1805 : voir V. TROITZSCH, „Zu den Anfängen deutscher Technikgeschichtsschreibung um die Wende von 18 zum 19 Jahrhundert“, dans *Technikgeschichte*, 40, 1 (1973), 33-57.

14. G. GUSDORF, *Les sciences humaines et la pensée occidentale. I. De l'histoire des sciences à l'histoire de la pensée*, Paris, Payot, 1966.

15. A. DESPY-MEYER, D. DEVRIESE (éds), *Positivismes. Philosophie. Sociologie. Histoire. Sciences*, Turnhout, Brepols, 1999.

George Sarton (1884-1956), physicien et philologue belge établi aux États-Unis, a durablement modelé l'histoire des sciences par sa monumentale *Introduction to the history of science* et par les éditoriaux de sa revue *Isis* (à partir de 1913)[16]. Pour Sarton « L'histoire de la science a pour but d'établir la genèse et l'enchaînement des faits et des idées scientifiques en tenant compte de tous les échanges intellectuels et de toutes les influences que le progrès même de la civilisation met constamment en jeu ». L'histoire des sciences est ainsi l'histoire de l'humanité (*History of science is the history of mankind*)[17]. La science est en effet le seul processus cumulatif puisque chaque époque en sait plus que la précédente. C'est aussi le seul processus catholique, c'est-à-dire universel. C'est pourquoi elle est la base d'un « nouvel humanisme »[18].

Georges Sarton, 1884-1956, Archives de l'Académie Internationale d'Histoire de Sciences. Cliché CHST

16. Sur Sarton, voir W. CALLEBAUT *et al* (éds.) *Georges Sarton Centennial*, Gand, 1984.
17. George SARTON, « L'histoire de la science », Liminaire d'*Isis*, 1 (Wondelgem-lez-Gand, 1913), p. 13-14.
18. George SARTON, « The new humanism », dans *Isis*, 6 (1924), p. 32.

Ce double conditionnement d'un progrès univoque et d'un progrès universel détermine le jugement que Sarton porte sur l'évolution des sciences particulières et sur les aires scientifico-culturelles. Dans les sciences, Sarton privilégie les aspects rationnels et il établit une sorte de hiérarchie *de facto* avec au plus haut niveau les mathématiques, puis la physique et l'astronomie, au plus bas la technologie, la médecine et les « pseudo-sciences » astrologie et alchimie. Quant aux aires culturelles, les synchronies qu'il établit sont artificielles et mettent les différentes civilisations à des places plus ou moins avancées sur une échelle unique de progrès.

L'œuvre d'Aldo Mieli (1879-1950), chimiste italien, disciple de Mach, est exactement parallèle. Elle ne peut être dissociée de celle de Henri Berr. En 1928, Mieli, antifasciste, dut quitter l'Italie pour la France où Henri Berr lui offrit l'hospitalité du Centre International de Synthèse. Peu de rencontres intellectuelles furent aussi fécondes pour l'histoire des sciences. En 1919, Henri Berr (1863-1954) avait lancé la *Bibliothèque de Synthèse Historique* et la série l'*Evolution de l'Humanité*, histoire universelle en cent volumes. En 1921, la *Revue de Synthèse Historique* fondée en 1900, devenait *Revue de Synthèse*. En 1925, Henri Berr créait le Centre International de Synthèse comme pendant à l'École Pratique des Hautes Études vouée à l'analyse. Le Centre s'installait d'abord dans les locaux de l'Institut International de Coopération Intellectuelle, puis à partir de 1929 au 12 de la rue Colbert, dans l'ancien hôtel de Nevers. Le Centre comportait une section d'histoire des sciences, dont Mieli fut directeur et sa revue *Archeion* devint l'organe.

On a qualifié la pensée de Henri Berr de néoscientiste[19]. De fait, le centre de ses préoccupations est le développement de la pensée scientifique dans son articulation avec la vie mentale des individus et des communautés, mais non avec le contexte politique, économique et social. Le programme du Centre de Synthèse se trouve esquissé dans un article qui s'intitule en première épreuve « Pour la science pure »[20], et ensuite « Pour la science ». Il y écrit « L'intérêt pour la science est, aujourd'hui, plus vif que jamais en France et généralement dans le monde ; mais la nature de cet intérêt ne laisse pas que d'appeler certaines réserves et certains correctifs. La science a toujours tiré son prestige populaire des « miracles » qu'elle accomplit en améliorant la vie matérielle et en guérissant les maux du corps. Or, de plus en plus, depuis la guerre mondiale, ce sont les résultats pratiques, ce sont les applications de la recherche qui frappent les yeux des profanes – et même préoccupent un grand nombre

19. Agnès BIARD, Dominique BOUREL, Eric BRIAN (éds), *Henri Berr et la culture du XXe siècle*, Paris, Albin Michel, 1997.

20. Henri BERR, *Pour la science,* dans *Revue de synthèse historique*, 40, n° 118-120 (décembre 1925), p. 5-16. Epreuve conservée au CAPHES, fonds Henri Berr.

de savants. Parmi ces résultats il y en a eu d'affligeants, mais ils n'ont pu déconsidérer la science, elle a pris, au contraire, une importance nouvelle du fait qu'elle a donné aux luttes humaines des aspects imprévus et une effroyable intensité ». Et il cite Jean Luchaire « La science que la foule d'aujourd'hui tend à connaître et à respecter n'est qu'une des branches de la science : celle des ingénieurs et des mécaniciens ».

Henri Berr écrit encore dans *La synthèse en histoire*[21] « Jamais la pensée n'a été totalement indépendante du milieu social – de même qu'elle n'a jamais été à l'abri des contingences de toutes sortes ; et ces influences sont à déterminer. Mais ce qu'il importe aussi et surtout de préciser, c'est le travail interne de la pensée. Il faut suivre l'évolution qui s'accomplit dans ce milieu – différent du milieu social – que constituent les hommes en tant qu'êtres pensants ».

En 1946, préfaçant le dernier tome posthume de l'histoire de la science grecque d'Abel Rey, il épingle la phrase « Il n'y a d'histoire que philosophique. Le reste est catalogue et mon travail de recherche. De même qu'il n'y a de science que philosophique, le reste étant artisanerie »[22].

Le développement de la pensée scientifique est à l'articulation de la réflexion individuelle avec la psychologie collective, mais non avec la technique et la société. Dans la foulée, Aldo Mieli développe dans *Archeion* une histoire néopositiviste tandis que Hélène Metzger[23] écrit une histoire philosophique de la chimie.

Dans la suite, l'histoire des sciences internaliste s'est développée, surtout en France, dans le giron de la philosophie. La publication de l'*Histoire générale des sciences* de René Taton[24] (qui est un assemblage d'histoires particulières) marque une rupture. Dans une courte présentation du projet, Taton le définit comme « touchant à la fois aux sciences et à la philosophie » et à l'histoire générale[25]. En fait, il revendique l'autonomie de l'histoire des sciences par rapport à la philosophie et donne la parole à des scientifiques devenus historiens. Dans la suite, les historiens des sciences ont entretenu avec les philosophes un dialogue difficile sur le plan conceptuel et sur le plan institutionnel. Avec les historiens des techniques, ils n'ont pas dialogué du tout.

21. H. BERR, *La synthèse en histoire*, Paris, 1911, p. 204.

22. H. BERR, préface à Abel REY. *L'apogée de la science technique grecque*, Paris, 1946, p. VII, citant REY, *op. cit.*, p. 4.

23. Hélène METZGER, *La méthode philosophique dans l'histoire des sciences*, Archeion, 1937, p. 205.

24. Jeanne PEIFFER, « Entretien avec René Taton », dans *NTM*, 5 (1997), p. 65-89.

25. R. TATON, *Histoire générale des sciences*, t. I, Paris, PUF 1957, 2e éd. 1966, p. V.

Cette perspective a dominé, et domine encore, la pratique de l'histoire des sciences, surtout en France. Mais elle a dû, peu à peu, prendre en compte les contextes, ce qui fait l'objet de dures controverses. A examiner le mouvement des études, on pourrait presque comparer le contexte à une spirale qui s'éloigne de plus en plus du centre et qui tendrait même à le dissoudre tant elle finit par négliger le contenu même du savoir scientifique. Contexte intellectuel d'abord. Au fil de son histoire, la science a coexisté, et donc interagi, avec la réflexion théologique, politique, voire littéraire et artistique.

Contexte institutionnel ensuite, avec l'étude des lieux du savoir, des communautés scientifiques et des réseaux de diffusion de la pensée.

Contexte politique, économique et social enfin. Ainsi, par exemple, les trois siècles qui ont vu l'établissement et la floraison de la science classique ont coïncidé avec la mise en place de l'industrie capitaliste, l'affirmation des monarchies absolues puis leur effondrement, les guerres des Religions et la guerre de Trente ans, sans parler de la Révolution Française. On ne peut séparer ces deux ordres de faits. Cette problématique s'enracine lointainement dans le matérialisme historique. Les historiens des sciences anglo-saxons ont profondément ressenti l'influence de l'approche marxiste de Needham et de Bernal et se sont concentrés sur la concomitance entre révolution scientifique et révolution d'Angleterre. Mais c'est tout spécialement l'école américaine, née des travaux de Robert Merton, qui a ainsi transformé l'étude des contextes et l'histoire sociale de la science en sociologisme réductionniste[26]. A sa suite, les postkuhniens ont cru pouvoir établir que le changement de paradigme était dicté par les attitudes de la communauté scientifique et ils ont associé la vérité scientifique au consensus entre les savants.

Curieusement, cette ouverture de la science vers la société n'a jeté aucun pont vers la réalité technique contemporaine.

Des impasses historiographiques

L'approche internaliste et scientiste a mené les historiens des sciences dans plusieurs impasses historiographiques. D'abord elle a banni de son domaine les « pseudo-sciences ». Dès 1923, un professeur de l'Université de Columbia, Lynn Thorndike, prit le contrepied de Sarton dans une monumentale *History of Magic and Experimental Science*[27] où il montrait tout ce que la

26. H. FLORIS COHEN, *The Scientific Revolution. A Historiographical Inquiry*, Chicago UP, 1994, p. 200-203, 314-321, 334-336.

27. L. THORNDIKE, *A History of Magic and Experimental Science*, New York, Columbia UP, 1923-1956, 8 vols. La période couverte va de l'Antiquité au XVIIe siècle.

méthode expérimentale doit aux magiciens et aux alchimistes. Le scandale éclata en 1936 quand Sotheby dispersa quelque cent vingt manuscrits d'alchimie de Sir Isaac Newton, et l'illustre lord Keynes, qui les acheta pour Cambridge, se vit forcé d'écrire « Newton ne fut pas le premier de l'âge de la raison. Il était le dernier des magiciens, le dernier des Babyloniens et des Sumériens, le dernier grand esprit à contempler le monde visible et intelligible avec les mêmes yeux que ceux qui commencèrent à construire notre héritage intellectuel il y a un peu moins de dix mille ans ». Dans la suite, l'astrologie de Kepler, l'alchimie de Boyle, les extases de Van Helmont, les songes de Descartes, grossissent un dossier qui met le scientiste mal à l'aise[28].

De même, cette approche a eu beaucoup de mal à intégrer les sciences non occidentales d'Orient, d'Afrique, d'Amérique précolombienne[29]. En privilégiant les ressemblances avec la science occidentale, on parle d'une science arabe, chinoise ou japonaise, à la rigueur d'une science de l'Amérique précolombienne, et on les situe sur une échelle unique d'avancement ou de retard. A fortiori, les liens qui unissent ces espaces scientifico-culturels et l'espace occidental apparaissent soit distendus soit nébuleux. On étudie les transferts des connaissances des métropoles vers les empires, on n'étudie pas le choc en retour. Chacun sait que la science arabe a influencé l'Occident, encore qu'il reste des irréductibles pour le contester[30]. La question est encore bien plus vague pour l'Afrique. On n'ose pas parler de « science africaine ».

Enfin, elle a complètement négligé la technique, y compris les aspects expérimentaux de la science elle-même. Ainsi, dans ses *Doctrines chimiques en France*, Hélène Metzger débrouille l'enchevêtrement des idées chimiques sans se préoccuper de leur rapport avec le laboratoire, qui est justement le lieu des progrès les plus spectaculaires à cette époque[31].

28. Voir par exemple C. WEBSTER, *From Paracelsus to Newton. Magic and the making of modern science*, Cambridge, 1982.

29. R. HALLEUX, « Visages des sciences non occidentales dans l'historiographie du XXe siècle », dans *Les sciences hors d'Occident au XXe siècle*, Paris, ORSTOM, 1996, p. 17-27. Elle a pareillement exclu les savoirs populaires, voir R. HALLEUX, C. OPSOMER, « L'insaisissable médecine populaire », dans Pierre NOBEL (dir.), *La transmission des savoirs au Moyen Âge et à la Renaissance. Vol. 1 : Du XIIe au XVe siècle. Actes du colloque international organisé par l'Equipe Poétique des Genres et Spiritualité de l'Université de Franche-Comté et le Centre d'Études Supérieures de la Renaissance de l'Université François Rabelais de Tours, à Besançon et à Tours, du 24 au 29 mars 2003*, Besançon, Presses Universitaires de Franche-Comté, 2005, p. 331-348.

30. Sylvain GOUGUENHEIM, *Aristote au mont Saint-Michel*, Paris, 2007, qui a même mobilisé la presse quotidienne.

31. Hélène METZGER. *Les Doctrines Chimiques en France du début du XVIIe siècle à la fin du XVIIIe*, Paris, Presses universitaires, 1923, réimpr Blanchard, 1969.

C'est la conception de la technique comme une science appliquée qui a induit l'idée fort répandue d'un blocage du développement technique de la Grèce ancienne à cause de l'esclavage. Dans la *Politique*, Aristote écrit[32] : « Si les navettes tissaient d'elles-mêmes et si d'eux-mêmes les plectres jouaient de la cithare, les maîtres d'œuvre n'auraient nul besoin de manœuvres, ni les maîtres d'esclaves ». Pour Aristote, l'esclavage est une conséquence du manque de machines. Pour les historiens des sciences, l'esclavage aurait à la fois dispensé les Grecs du machinisme et détourné leur curiosité de la science appliquée. Ainsi Pierre Brunet et Aldo Mieli dans leur classique *Histoire des sciences. Antiquité*[33] affirment que « Dans les temps les plus anciens, en raison des préjugés répandus parmi les philosophes propagés surtout par Platon, et aussi par Aristote, les savants laissaient aux praticiens, considérés comme des ouvriers, le soin de s'occuper de ces questions estimées indignes d'hommes libres (...). Il est certain que les ingénieurs anciens en général, et non pas seulement les alexandrins, ne tentèrent qu'exceptionnellement d'appliquer leurs machines à des résultats utiles (...). On peut même penser qu'avec leurs connaissances et en tirant parti des mécanismes qu'ils imaginaient pour leurs jouets, les ingénieurs anciens auraient pu atteindre presque à des applications offrant quelque analogie avec celles qui firent la gloire du XVIIIe ». Même opinion chez Abel Rey[34] : « Parce que leur idéal de la pensée scientifique, tout libéral et désintéressé d'une part, a amené les Grecs pendant la grande période, la période originale de leur civilisation, seule étudiée ici, à dédaigner les techniques de l'artisan, celles-ci n'ont presque point progressé sur ce qu'elles étaient au VIe siècle, sauf la construction navale, la navigation ayant été la préoccupation principale (...). Le souci des arts et métiers reprend précisément avec la décadence de la pensée scientifique et surtout dans les empires néo-grecs d'Orient ».

Le *locus classicus* est le tourniquet à vapeur d'Héron d'Alexandrie, où Pierre Maxime Schuhl voyait « l'ancêtre de la machine à vapeur et de la turbine à vapeur »[35] et J. M. Auzias d'ajouter « la fonction mathématique en Grèce détourna longtemps les esprits de la fonction physique qui aux temps

32. ARISTOTE, *Politique*, I, 4, 3, p. 1253 B 33 – 1254 A 1.

33. P. BRUNET, A. MIELI, *Histoire des sciences. Antiquité*, Paris, 1938, p. 482-484.

34. Abel REY, *La jeunesse de la science grecque*, Paris, 1933, p. 5.

35. P. M. SCHUHL, *Machinisme et philosophie*, 2e éd., Paris, 1947, p. 13, 16 sq. Voir, du même, « Remarques sur Platon et la technologie », dans *Revue des Études grecques*, 66 (1953), p. 465-472. De même Charles-Victor LANGLOIS, *La vie en France au Moyen Âge. III. La connaissance de la Nature et du Monde*, nouv. éd. Hachette, 1927, p. XI. « Si les acquisitions principales du Moyen Âge n'ont guère été que des recettes et des tours de main de praticiens anonymes, c'est que les théoriciens d'alors furent longtemps engagés dans des voies qui ne menaient nulle part ».

des Ioniens avait été tellement à l'honneur. Par là on comprend mieux que l'esprit grec était peu préparé à ce retour expérimental au réel qui s'appliquant à des infrastructures laborieuses, peut seul déterminer un effort technologique »[36]. En réalité, le développement technique de la Grèce ancienne est très réel. Il est indépendant de l'esclavage. Moses Finley a mis en évidence des progrès techniques dans des secteurs économiques d'esclavage intensif comme les mines d'Espagne et les latifundia de Gaule. Mais surtout la technique ancienne n'est pas une science appliquée[37]. Elle n'a aucun besoin de la science. Ses blocages, ou plutôt ses limites sont dues aux matériaux, aux sources d'énergie, aux mécanismes (l'absence du système bielle-manivelle)[38]. Elle met en œuvre une intelligence spéciale, une intelligence rusée (*mêtis*) féconde en inventions astucieuses (*mêkhanê*)[39].

L'évolution de l'histoire des techniques

Comme l'histoire des sciences, l'histoire des techniques est issue de l'heurématographie. Cette hérédité a pesé sur elle jusqu'à ce jour, et bien des travaux d'aujourd'hui sont encore des histoires d'inventions et d'inventeurs. Mais plus tôt qu'ailleurs les techniciens ont pris conscience d'une rupture avec le passé. En 1530, le dialogue de Georg Agricola, *Bermannus*, met en scène un érudit et un mineur dans les exploitations de l'Erzgebirge. Observant les machines d'extraction, l'érudit s'exclame : « Plût au ciel que nous ayons conservé le traité des machines minières de Straton de Lompsaque » à quoi le mineur répond que « Beaucoup d'engins ont été inventés par nos mineurs, et ils dépassent pas mal en ingéniosité les vieilles descriptions ou, du moins, en diffèrent beaucoup »[40].

C'est à la Révolution Industrielle que les ingénieurs ont eu la curiosité de regarder dans le rétroviseur l'évolution de leur savoir. L'élite industrielle se construit une galerie d'ancêtres. Introduit par Natalis de Briavoinne vers 1830, le concept de révolution industrielle marque une rupture totale avec le passé. Les musées techniques, conçus à l'origine comme des galeries de prototypes, deviennent des musées historiques à mesure que les modèles sont

36. J. M. AUZIAS, *La philosophie et la technique*, Paris, 1962, p. 6-7.

37. M. FINLEY, *Slavery in Classical Antiquity*, Cambridge, 1960.

38. Desmond LEE, « Science, philosophy and technology in the Graeco-Roman World », dans *Greece and Rome*, 20 (1973), p. 65-78 et 180-193.

39. J. P. VERNANT, « Remarques sur les formes et les limites de la pensée technique chez les Grecs », dans *Revue d'Histoire des Sciences*, 10 (1957), p. 205-225.

40. Georg AGRICOLA, Bermannus, *Le mineur, un dialogue sur les mines*, Introduction, texte traduit et commenté par Robert HALLEUX et Albert YANS, Paris, Belles Lettres, 1990, p. 30.

dépassés, puis obsolètes. C'est le cas du Conservatoire National des Arts et Métiers, du Science Museum, du Deutsches Museum. De nombreux ingénieurs, surtout en Allemagne et en Angleterre, se font les historiens de la machine à vapeur, de la métallurgie, de la construction.

En Angleterre, le traité de métallurgie de Percy s'ouvre par une ample introduction historique[41]. Les grandes synthèses de Beck et de Johannsen[42] sur l'histoire de la sidérurgie sont l'œuvre d'ingénieurs. Dans cette « histoire technique des techniques » se distingue un autodidacte de génie, injustement oublié, Charles Fremont (1855-1930)[43]. Parmi les 86 fascicules de ses *Études expérimentales de technologie industrielle*, bon nombre décrivent avec minutie l'évolution des outils et des machines : le laminoir, la soufflerie, le clou, l'horloge à poids, le balancier à vis pour estampage, la serrure, la scie, la pompe centrifuge. C'est aussi l'époque où les techniciens curieux d'histoire se groupent en associations et publient des revues, comme les *Transactions of the Newcomen Society* et les *Beiträge zur Geschichte der Technik und Industrie*.

Si l'histoire des techniques s'est développée à la fin du XIXe siècle et au début du XXe, elle le doit largement à l'apport de disciplines extérieures, l'étude des civilisations antiques, l'ethnologie, l'histoire économique et sociale, l'archéologie industrielle.

À mesure que les fouilles mettaient au jour les vestiges matériels de civilisations antiques, les historiens se sont intéressés aux *realia*, aux procédés de fabrication tels que les révèlent les objets et les rares textes conservés. La vaste *Technologie und Terminologie der Gewerbe und Künste bei Griechen und Römer* (1887)[44] de Hugo Blümner a pour pendant français le *Dictionnaire des antiquités grecques et romaines* de Daremberg, Saglio et Pottier, en attendant les *Studies in ancient technology* de Robert James Forbes[45]. L'histoire des techniques a tiré grand profit de l'archéométrie, c'est-à-dire de l'analyse des objets en laboratoire, qui révèle le procédé de fabrication inscrit dans leur structure profonde.

Sans renouer avec le « primitivisme » du XVIIIe siècle, les ethnologues ont rebâti l'étude de la technique sur la classification minutieuse des maté-

41. J. PERCY, *Traité complet de métallurgie*, tr. fr., Paris-Liège, 1864, 4 vols.

42. L. BECK, *Die Geschichte des Eisens in technischer und Kulturgeschichtlicher Beziehung*, 2 vols, Braunschweig, 1884-1893 ; O. JOHANNSEN, *Geschichte des Eisens*, Düsseldorf, 1953.

43. George SARTON, « Charles Fremont historien de la technologie (1855-1930) », dans *Isis*, 27 (1937), p. 475-484.

44. H. BLÜMNER, *Technologie und Terminologie der Gewerbe und Künste bei Griechen und Römer*, Leipzig, 1881-1887, 4 vols.

45. R. J. FORBES, *Studies in Ancient Technology*, Leiden, Brill, 1955-1971, 9 vols.

riaux, des gestes et des outils. Exemplaire est à cet égard le diptyque élaboré par André Leroi-Gourhan sous le double titre de *Evolution et Techniques* et *Le geste et la parole*[46], tout comme les travaux de son disciple André Georges Haudricourt sur *L'homme et la charrue*[47]. La transversalité de l'approche n'a rien à voir avec le diffusionnisme de certains historiens.

Enfin, le développement de l'histoire économique et sociale a imposé la prise en compte des techniques de production. L'influence de Marx est ici décisive[48]. Elle s'est notamment traduite, dans les pays socialistes, par la création d'Instituts d'Histoire de la Culture Matérielle. Mais c'est surtout l'École des Annales[49] qui a intégré la technique au territoire de l'historien. Dès 1920, lorsque Henri Berr débuta sa prestigieuse *Bibliothèque de synthèse historique*, Lucien Febvre écrivit une ample introduction sous le titre « La terre et l'évolution humaine », où les techniques avaient une large place. En 1935, un numéro spécial des *Annales*, dirigé par Georges Friedmann[50], s'intitula *Les techniques, l'histoire et la vie.* Lucien Febvre l'ouvrit par des « Réflexions sur l'histoire des techniques » où il écrivait notamment « l'histoire des techniques, une de ces nombreuses disciplines qui sont tout entières à créer, ou presque ». Marc Bloch y donnait ensuite son article sur « Avènement et conquêtes du moulin à eau » qui devait avoir une destinée paradoxale. Fondé sur une documentation encore insuffisante, il allait cependant accréditer l'idée d'une « révolution industrielle du Moyen Âge » à laquelle les travaux de Lynn White[51] et, ceux, plus audacieux, de Jean Gimpel[52] et du groupe AVISTA[53], devaient donner un grand retentissement. Dans la suite de ses travaux sur le monde rural, particulièrement sur les parcellaires, Marc Bloch devait toujours associer l'histoire sociale du monde rural aux

46. A. LEROI GOURHAN, *Evolution et techniques. L'homme et la matière*, Paris, Albin Michel, 1943 ; *Milieu et techniques*, Paris, Albin Michel, 1945.

47. A. G. HAUDRICOURT et Mariel JEAN-BRUNHES DELAMARRE, *L'homme et la charrue à travers le monde*, Paris, 1955 ; A.G. HAUDRICOURT, *La technologie science humaine*, Paris, 1987.

48. Costas AXELOS, *Karl Marx penseur de la technique*, Paris, Minuit, 1961. En France, le marxisme a été reçu fort tard par les intellectuels. Voir Daniel LINDBERG, *Le marxisme introuvable*, Paris, Calmann-Levy, 1975.

49. Bertrand MÜLLER, *Lucien Febvre et Henri Berr* dans *Henri Berr et la culture du XXe siècle*, p. 59, explique l'écart croissant entre les cheminements des deux chercheurs ; André BURGUIERE, *L'École des Annales. Une histoire intellectuelle*, Paris, Odile Jacob, 2006.

50. Numéro spécial des *Annales*, *Les techniques, l'histoire et la vie*, 1935, n° 36 ; Lucien FEBVRE, « Réflexions sur l'histoire des techniques », p. 531 ; Marc BLOCH, « Avènement et conquêtes du moulin à eau », p. 538.

51. Lynn WHITE, *Technologie médiévale et transformations sociales*, La Haye, Mouton, 1969.

52. Jean GIMPEL, *La révolution industrielle du Moyen Âge*, Paris, Seuil, 1975. Voir aussi *La fin de l'avenir. Le déclin technologique et la crise de l'Occident*, Paris, Seuil, 1992.

53. AVISTA : The Association Villard de Honnecourt for the Interdisciplinary Study of Medieval Technology, Science and Art.

techniques de travail de la terre (les modes d'assolement, les types de labour, la forme des champs). En 1957, Fernand Braudel créa un Centre d'études et d'enseignement de l'histoire des sciences et des techniques, rattaché à la VIe section de l'École Pratique des Hautes Études (l'actuelle EHESS). Malgré l'ambition du projet, l'histoire des techniques ne fut pas véritablement représentée.

Dernière venue dans le paysage, l'archéologie industrielle[54] est née en Angleterre dans les années 50. Son essor a coïncidé avec le déclin de l'industrie lourde : on fermait une usine, on ouvrait un musée. L'apport principal de l'archéologie industrielle a été un afflux de matériaux de première main, qui sans elle eussent été détruits. En revanche, la discipline nouvelle n'est jamais arrivée à définir sa spécificité épistémologique. Si on s'en tient à sa définition classique, c'est « l'étude scientifique de tout paysage, bâtiment, outillage ou fabrication depuis la Révolution industrielle, ainsi que tout document figuré s'y rapportant ». L'archéologie industrielle est ainsi une discipline carrefour entre histoire économique et sociale, histoire des sciences et des techniques, histoire orale, culture matérielle, urbanisme et aménagement du territoire.

Au carrefour de ces approches, la philosophie des techniques n'a pas connu le développement de l'histoire des sciences. En 1897, Alfred Espinas (1844-1922), élève de Comte et de Spencer, publie ses *Origines de la technologie*[55] où il s'efforce de mettre en rapport l'aspect social des techniques avec la loi comtienne des trois états. Il distingue ainsi pour le premier stade de la connaissance une technologie physico-théologique, où l'art, à la fois divin et naturel, est incorporé au dogme, et la technologie artificielle ou technique de l'organon caractérisant le passage au stade métaphysique.

Dans un remarquable article des *Mélanges Haudricourt*, Robert Cresswell[56] écrivait : « Le temps est venu pour la technologie d'accéder à une nouvelle étape dans la progression de ses connaissances. Cette étape sera celle où l'on recherchera comment des ensembles techniques influencent spécifiquement des formes culturelles d'organisation sociale. Il ne faut plus se contenter de décrire comment telle ou telle pratique ou innovation technique se répercute sur des institutions sociales, comme si celles-ci étaient des objets autonomes subissant des modifications internes par l'introduction de proces-

54. G. VAN DEN ABEELEN, *L'archéologie industrielle*, Bruxelles, Fédération des Entreprises de Belgique, 1993.

55. A. ESPINAS, *Les origines de la technologie*, Paris, Alcan, 1897. Voir Jean OSROWSKI, *Alfred Espinas, précurseur de la praxéologie. Ses antécédents et ses successeurs*, Paris, Librairie générale de droit et de jurisprudence, 1973.

56. R. CRESSWELL, « Les trois sources d'une technologie nouvelle », *Mélanges Haudricourt*, II, p. 21-27.

sus élaborés à l'extérieur. Le concept fondamental de cette nouvelle technologie doit être que les techniques sont liées aux phénomènes socioculturels – là où celles-là n'engendrent pas ceux-ci – par une relation dialectique d'adaptation mutuelle ». Et il propose de fonder cette technologie nouvelle sur les études de Leroi-Gourhan, les méthodes d'analyse structurale de Lévi-Strauss et les rapports entre production et société élaborés par l'école marxiste.

Le temps était ainsi venu des grandes synthèses. Si l'on excepte une histoire soviétique fort détaillée, qui ne fut jamais traduite à l'étranger, on peut en dénombrer trois : celle de Charles Singer, Eric John Holmyard, Alfred Rupert Hall et Trevor L. Williams aux presses de l'Université d'Oxford ; celle de Maurice Daumas aux Presses universitaires de France ; celle de Bertrand Gille dans la Bibliothèque de la Pléiade.

La première, commencée en 1954, en cinq volumes, embrasse l'histoire de toutes les techniques, dans toutes les aires culturelles, et s'arrête au seuil du XXe siècle. C'est, clairement, une histoire des techniques pour techniciens[57]. Les auteurs s'en expliquent dans la préface[58] *The Chairman and directors intend this volume and the four that will follow primarily as a contribution to technical education. The main object of this work is to provide students of technology and applied science with some humane and historical background for their studies.*

Huit ans plus tard, Maurice Daumas, premier titulaire de la chaire d'Histoire des Techniques au Conservatoire National des Arts et Métiers, lança aux Presses universitaires de France une *Histoire générale des Techniques*[59] qui était l'homologue exact de l'*Histoire générale des sciences* de René Taton. Il y étudiait successivement *les origines de la civilisation technique (t. I), les étapes du machinisme (t. II), l'expansion du machinisme (t. III)*. Le quatrième volume, consacré à la civilisation industrielle, n'a jamais vu le jour. Daumas fait un large appel à l'archéologie et à l'ethnologie, deux disciplines d'où viennent bon nombre de ses auteurs, ainsi qu'à l'archéologie industrielle, dont il fut le pionnier en France. Depuis Daumas, des synthèses plus modestes dues à des ingénieurs apportent des aperçus intéressants sur l'histoire technique et culturelle des techniques[60].

57. C. SINGER, E. J. HOLMYARD, A. R. HALL, T. I. WILLIAMS, *A history of technology*, Oxford, Clarendon, 1954-1958, 5 vols.

58. C. SINGER *et al.*, *History of Technology*, t. I, p. V.

59. M. DAUMAS, *Histoire générale des Techniques*, Paris, PUF, 1962-1968, 3 vols.

60. Bruno JACOMY, *Une histoire des techniques*, Paris, Seuil, 1990 ; *L'âge du plip. Chroniques de l'innovation technique*, Paris, 2002 ; Jean BAUDET, *De l'outil à la machine, Histoire des techniques jusqu'en 1800*, Paris, Vuibert, 2003 ; *De la machine au système, Histoire des techniques depuis 1800*, Paris, Vuibert, 2004.

Enfin, Bertrand Gille publia en 1978 dans la Bibliothèque de la Pléiade une *Histoire des techniques*. Elle avait été préparée dès 1972 par de substantiels « Prolégomènes à une histoire des techniques »[61]. D'entrée de jeu, il définissait un haut niveau de conceptualisation « Il convient d'analyser les techniques comme objet de science. Il n'était guère possible de le faire, même et surtout de façon globale si l'on ne disposait pas préalablement, non seulement d'un langage approprié, mais aussi de modèles reposant sur des concepts précis. Ces modèles visent à répondre d'une réalité, à la fois sur le plan statique, celui des structures et des systèmes, et sur le plan dynamique, celui que nous appelons le 'progrès technique' ». Avec Gille, l'historien ne travaille plus technique par technique mais il étudie de préférence leur interaction.

La principale innovation conceptuelle de Gille est la notion de système technique, entendu comme un ensemble de structures (matériaux, sources d'énergie, mécanismes de transformation) articulées les unes avec les autres. Les structures (cylindre-piston) s'organisent dans des filières (pompes aspirantes, foulantes, moteurs thermiques) qui constituent des ensembles (l'exhaure : la fabrication de la fonte) lesquels se constituent en systèmes. Cet ensemble de cohérences aux différents niveaux de toutes les structures, de toutes les filières et de tous les ensembles définit un système. Il y a une dynamique des systèmes techniques. Ils naissent, se développent, plafonnent ou saturent en atteignant le maximum de leurs performances, jusqu'à ce qu'un nouveau système se mette en place à l'intérieur du premier, avec des performances d'abord bien plus basses, mais qui finissent par surpasser le système antérieur. Cette transition des systèmes techniques définit une révolution industrielle.

Vers une histoire transculturelle des savoirs

L'histoire des sciences et l'histoire des techniques ont ainsi atteint, chacune de leur côté, un haut niveau de conceptualisation, sans jamais se rejoindre. Unifier, dans une perspective transversale, l'histoire des savoirs – de tous les savoirs – dans les différentes aires culturelles, c'est une histoire qui reste à écrire. Elle faillit cependant réussir, lorsque l'UNESCO mit en chantier une histoire du développement scientifique et culturel de l'humanité.

Dès 1946, le biologiste Julian Huxley, secrétaire exécutif de la commission préparatoire pour l'UNESCO, lança l'idée d'une *Histoire mondiale du déve-*

61. B. GILLE, « Prolégomènes à une histoire des techniques », *Revue d'Histoire des Mines et de la Métallurgie*, IV, 1/2 (1972), p. 1-65.

loppement des sciences et des cultures. La résolution fut approuvée à la deuxième session de la conférence générale à Mexico City en 1947, et reprise à la troisième session, tenue à Beyrouth en 1948 (résolution S.7).

Il appartenait au fondateur des *Annales*, Lucien Febvre, d'en tracer le parcours[62]. A la première conférence générale, il proposait d'écrire désormais le mot « civilisation » au pluriel. En 1949, devant le Conseil International de la Philosophie et des Sciences Humaines, il esquissait le plan d'un ouvrage qui « prétend agir sur les mentalités en extirpant le mortel virus de la guerre ». Toutes les grandes questions y seraient rencontrées. Ainsi le volume I serait consacré aux questions de base relevant de l'anthropologie et de la linguistique. En conclusion viendrait « une grosse question : dans leur développement les divers groupes humains suivent-ils la même marche, accomplissent-ils les mêmes étapes ? Les groupes que nous trouvons aujourd'hui à un certain stade de développement, à quelle condition pourraient-ils, renonçant à leur stagnation, poursuivre leur marche pour rattraper les groupes qui les ont dépassés ? Doivent-ils pour le faire, abandonner leurs idées propres et emprunter celles des groupes plus avancés qu'eux ? ».

Les volumes II et III devraient être consacrés « à des études analytiques sur les échanges. De tout cela se dégagerait l'image d'une humanité mouvante dès l'origine, et se déplaçant sans cesse au cours d'une série perpétuelle de migrations transcontinentales ». Quant aux volumes IV et V, ils opéreraient un regroupement synthétique dans le cadre géographique « Tour à tour ils examineraient ce que l'Asie, les hommes d'Asie doivent à l'Europe, à l'Afrique, à l'Océanie, à l'Amérique dans tous les domaines et à toutes les époques. Ensuite ce que l'Europe et les Européens ont donné et reçu, ce que l'Afrique et les Africains, l'Amérique et les Américains, l'Océanie et les Océaniens ont reçu des autres parties du monde et leur ont en échange donné. De ce tableau se dégagerait l'idée que le cloisonnement du monde n'est qu'une fiction et que la terre n'a cessé de se diversifier, de s'enrichir, de se féconder par un flot d'échanges pacifiques ». Dans ce projet ambitieux de première « histoire pacifique de l'humanité », toutes les sciences et toutes les techniques de toutes les aires culturelles avaient leur place.

Il ne fut jamais appliqué. Le 23 août 1949, Miguel Ozorio de Almeida présentait au Secrétaire général un rapport unifiant des conceptions peu conciliables dans une histoire scientifique et culturelle de l'Humanité où les idées-forces de Lucien Febvre se trouvaient noyées dans un plan de compromis

62. *Rapport de M. Lucien Febvre devant le Conseil International de la Philosophie et des Sciences Humaines*, mai 1949 dans *Cahiers d'Histoire Mondiale* I, 4, 1954, p. 955-961. Voir Ch. MORAZÉ, *Lucien Febvre 1878-1956*, *Cahiers d'Histoire Mondiale* III, 3, 1957, p. 553-557.

d'inspiration nettement positiviste[63]. Il suffit d'épingler des phrases comme « Malgré tout le danger qu'il y a toujours dans une formule, on pourrait peut-être dire que la véritable histoire des sciences commence avec la Grèce » ou encore « On pourra prendre quelques exemples de grandes découvertes ou inventions ou alors de quelques grandes théories scientifiques » ou encore « On choisira un certain nombre de savants dont on puisse faire assez bien la biographie à différentes époques de l'histoire et dans des pays différents », etc. De sciences non européennes, de savoirs techniques, plus un mot.

La présidence de la Commission internationale pour une histoire du développement scientifique et culturelle de l'humanité fut confiée à un membre éminent de l'Église positiviste brésilienne, Paulo E. de Barrêdo Carneiro. Lucien Febvre, quant à lui, se voyait confier la direction des *Cahiers d'Histoire Mondiale*. Cette revue se donnait une quadruple tâche : « 1) Fournir à la Commission Internationale chargée de préparer une Histoire du Développement Scientifique et Culturel de l'Humanité, des matériaux pour la construction définitive de l'ouvrage, des éclaircissements documentaires ou bibliographiques sur des problèmes demeurés obscurs jusqu'à présent, des traductions de textes qui sembleraient souhaitables, et des parties de l'ouvrage qui, sous réserve de révision, seraient prêtes à la publication ; 2) Permettre à toutes les personnes qui s'intéressent à l'Histoire entreprise sous les auspices de l'UNESCO, de prendre connaissance de certains matériaux importants qui seront employés par les directeurs de volumes ; 3) Faire passer les matériaux au crible d'une critique serrée de savants et de spécialistes connus et qualifiés, avant qu'ils ne soient retenus pour entrer dans tel ou tel volume ; 4) Permettre enfin aux érudits de tous pays de participer à un échange de vues sur les problèmes d'interprétation et de présentation soulevés au cours de l'élaboration d'une histoire du développement scientifique et culturel de l'humanité »[64].

Les deux entreprises ont connu des destinées assez différentes. Le premier volume de *History of Mankind. Cultural and scientific development* (Histoire du développement culturel et scientifique de l'humanité) parut en 1963. La preface de René Maheu, directeur général de l'UNESCO, montrait à suffisance qu'il s'agissait d'une œuvre de compromis[65] : « L'œuvre est le fait non pas d'une équipe appartenant à un ensemble culturel homogène, mais d'une

63. Miguel OZORIO DE ALMEIDA, *Rapport sur l'histoire scientifique et culturelle de l'Humanité*, dans *Cahiers d'Histoire Mondiale* I, 4, 1954, p. 962-986.

64. *Le but des cahiers, texte adopté par le Bureau de la Commission Internationale*, Paris, 12-14 février 1953, dans *Cahiers d'Histoire Mondiale* I, 1, 1953, p. 10.

65. René MAHEU, préface à *Histoire du développement culturel et scientifique de l'humanité*, t. I par Jacquetta HAWKES et Sir Léonard WOOLEY, Paris, Unesco-Laffont, 1963, 2e éd., 1967, p. 9.

commission internationale qui, par sa composition même, et plus encore dans son esprit réunit dans son sein la diversité des traditions culturelles et des idéologies modernes qui forment la contexture spirituelle du monde d'aujourd'hui ». On ne pouvait mieux résumer les tensions entre historiographie marxiste et non marxiste, laïque et religieuse dont plusieurs participants ont gardé le souvenir. Malgré la « décentralisation des points de vue et des interprétations » le compromis de base était loin des anticipations audacieuses de Lucien Febvre. Ecarté en principe, le point de vue européocentriste et scientiste dominait en fait, à travers la vision occidentale des sciences et techniques commune aux pays « capitalistes » et « socialistes ». Les *Cahiers d'Histoire Mondiale*, quant à eux, engrangèrent depuis 1953, sous l'impulsion de Lucien Febvre et de ses successeurs, des matériaux de haute qualité dans tous les domaines. L'esprit des *Annales* y est partout présent avec des études structurelles et comparées, des études de contact et de diffusion, mais peu de ces matériaux trouvèrent leur voie jusqu'à la synthèse finale.

Du reste, la plupart des historiens professionnels des sciences ont boudé l'entreprise de l'UNESCO et préféré le confort des dernières entreprises positivistes, l'*Histoire générale des sciences* de René Taton, l'*Histoire générale des techniques* de Daumas, universelles d'intention, européennes et positivistes par nécessité, faute d'avoir pu assurer un recrutement d'auteurs assez diversifié.

Alors que s'édifiaient ces synthèses mort-nées, Joseph Needham entamait sa monumentale *Science and Civilisation in China*[66]. Non seulement tous les savoirs y étaient intégrés dans une perspective unitaire, mais ils étaient traités dans leur rapport dialectique avec les conditions économiques et sociales, et la perspective géographique était largement ouverte, en sorte que l'historiographie des savoirs en Occident se trouvait par contrecoup richement fécondée.

Grâce aux historiens des sciences non européennes, grâce aussi aux philosophes de la cognition, les historiens des sciences et les historiens des techniques enjambent aujourd'hui de plus en plus allègrement les barrières disciplinaires, passant ainsi à l'histoire des savoirs. A l'initiative du regretté Gérard Simon, l'Université de Lille a montré l'exemple en créant un Centre de Recherches sur l'Analyse et la Théorie des Savoirs (CRATS). Le Centre d'Histoire des Sciences (*Wissenschaftgeschichte*) commun à l'École Polytechnique Fédérale et de l'Université de Zurich s'est transformé en *Geschichte des Wissens* (histoire du savoir).

66. Joseph NEEDHAM, *Science and civilisation in China*, vol. I, *Introductory Orientations*, Cambidge, UP, 1965.

DEUXIÈME PARTIE

À L'INTERFACE DES SAVOIRS

On se propose donc d'étudier, dans les pages qui suivent, les interactions entre deux champs de savoir artificiellement séparés par l'historiographie : d'une part la « science », c'est-à-dire la philosophie naturelle et les arts libéraux ; de l'autre, les « techniques », c'est-à-dire les arts mécaniques. Cela ne peut se faire sans définir au départ les groupes sociaux qui pratiquaient les uns et les autres.

En apparence, la question rejoint celle, fort disputée, de la « culture populaire » au Moyen Âge et à l'aube de la modernité, qui préoccupa beaucoup de « nouveaux historiens » dans les dernières décennies du défunt siècle[1]. A vrai dire, le débat a surtout porté sur la religion populaire, en laissant de côté les pratiques médicales et les savoirs techniques. La difficulté est de fonder un corpus sur des critères objectifs. Comme l'écrit Georges Duby[2] « s'il est possible à l'historien du Moyen Âge de découvrir certains traits de la culture aristocratique parce que celle-ci s'est incarnée, s'est exprimée dans des formes qui ont duré jusqu'à nos jours, il est à jamais condamné à ignorer presque tout de la culture populaire et à ne pouvoir même en prouver l'existence ». Le grand folkloriste Arnold van Gennep était tout aussi pessimiste : « dans toute la littérature depuis le haut Moyen Âge jusqu'à la fin du XVIIIe siècle, il n'y a pas de quoi glaner sur la vie vraiment populaire la matière de trois cents pages »[3].

La différence entre savant et populaire est moins significative au Moyen Âge que celle entre clerc et laïc. Selon Honorius d'Autun, ils constituent deux mondes aussi séparés que la lumière et les ténèbres[4]. Les clercs, *clerici*,

1. Pour le Moyen Âge, voir P. BOGLIONI (éd.), *La culture populaire au Moyen Âge*, Montréal, 1979, spéc. 13-37 ; Aron GUREVICH, *Medieval Popular Culture. Problems of Belief and Perception*, Cambridge UP-Maison des Sciences de l'Homme, 1990. Pour l'époque moderne H. J. MARTIN, « Culture écrite et culture sociale, culture savante et culture populaire dans la France d'Ancien Régime », dans *Journal des Savants*, 1975, p. 225-282 ; R. MUCHEMBLED, *Culture populaire et culture des élites dans la France moderne*, Paris, 1978 ; R. CHARTIER, « La culture populaire en question », dans *Histoire*, 1981, n° 8, p. 68-90.

2. G. DUBY, « La vulgarisation des modèles culturels dans la société féodale », dans *Niveaux de culture dans la société féodale*, Paris-La Haye, 1967, p. 34.

3. A. VAN GENNEP, *Mercure de France*, 15, IV, 1931.

4. HONORIUS D'AUTUN, *De offendiculis*, 38 dans *Monumenta Germaniae Historica. Libelli de lite*, III, 51.

ce sont ceux que l'on appelle *litterati*, « gens de l'écrit », *magistri*, « maîtres ». Les historiens allemands parlent de *die Gelehrten* « ceux qui ont étudié », Jacques Le Goff[5] d'« intellectuels » et Jacques Verger de « gens de savoir »[6] qu'il définit comme des « individus ayant en commun la maîtrise, plus ou moins complète, d'un certain nombre de disciplines intellectuelles relevant toutes de ce qu'on pourrait appeler la culture savante de leur temps ». Ce ne sont donc pas des gens *de* savoir, ce sont les gens *d'un* savoir.

En face, le monde de la production, les *fabri* « ceux qui produisent », *artifices* « ceux qui exercent une technique », *opifices* « ceux qui réalisent une œuvre », plus généralement *laboratores* « ceux qui font un travail pénible » ou *rustici* « travailleurs de la campagne ». Ils appartiennent à la vaste catégorie des *illitterati* « hommes sans lettres ».

Les deux catégories ne sont pas étanches, car des hommes de la pratique ont un accès à la culture savante : métiers d'art, officiers, marchands, architectes et ingénieurs. D'autre part, la ville, le monastère, la cour sont des lieux d'interface des savoirs. La ville est, depuis l'Antiquité, le lieu où « se concentrent la fortune, le pouvoir, la culture, la possibilité d'échanges matériels et spirituels »[7]. La figure de Socrate visitant les boutiques des artisans d'Athènes, est un archétype de la pensée occidentale. Le monastère ensuite, où la Règle de saint Benoît impose le travail manuel[8] et où les chroniques ont gardé mémoire de moines qui ont excellé dans les métiers mécaniques (saint Dunstan, saint Ours, Odorannus de Sens, Hugo d'Oignies, Tutilon de Saint Gall). La cour enfin mériterait à elle seule une recherche spéciale. Les Ptolémées furent sans doute les premiers à se doter, au sein du Musée, d'un bureau d'études techniques. La tradition alexandrine de la cour savante revit chez Frédéric II de Hohenstaufen[9] dans les cours italiennes du *Quattrocento* et se renouvelle au XVIe siècle par le capitalisme moderne lorsque l'idéal ficinien du prince prêtre et protecteur de son peuple se conjugue avec l'idéal nouveau du prince investisseur et opérateur industriel[10]. On commence seulement à étudier dans ce milieu la fertilisation croisée des savoirs, notamment dans les

5. Jacques LE GOFF, *Les intellectuels au Moyen Âge*, 2e éd. Paris, 1985.

6. Jacques VERGER, *Les gens de savoir en Europe à la fin du Moyen Âge*, Paris, 1997, p. 9.

7. R. FOSSIER, *La société féodale*, Paris, Armand Colin, 1991, p. 109. Voir Mathieu ARNOUX et Pierre MONNET (éds), *Le technicien dans la cité en Europe Occidentale 1250-1650*, École Française de Rome, 2004.

8. Règle de Saint Benoît, 48, ed. de Voguë.

9. Voir Maria Stella CALO MARIANI, Raffaella CASSANO (eds), *Federico II. Immagine e potere*, Venise, Massilio, 1995.

10. R. HALLEUX, A.-C. BERNES, « La cour savante d'Ernest de Bavière », dans *Archives Internationales d'Histoire des Sciences*, 45 (1995), p. 3-29.

grands projets de guerre où les diverses compétences étaient mises à contribution.

Mais au-delà du contexte d'information ponctuelle, c'est l'évolution même des métiers, d'une part, de la philosophie naturelle, de l'autre, qui a créé les conditions d'une osmose. C'est ce que l'on va montrer en esquissant une triple histoire : celle des sciences et des techniques elles-mêmes, celle des modes de transmission du savoir, celle des systèmes de valeurs.

Chapitre 1

Esquisse d'une histoire comparée

Pour périodiser l'histoire des sciences et l'histoire des techniques, on utilise couramment, et souvent abusivement, le concept de révolution. On parle de Révolution Scientifique et de Révolution Industrielle. Le mot vient de l'astronomie en passant par la politique, où il désigne un changement rapide et complet de l'ordre des choses (la Révolution Française, la Révolution d'Octobre). En matière de science et de technique, sa pertinence est discutée. Sur deux points au moins il n'est pas adéquat : les changements ne sont pas rapides, des éléments de l'ancien ordre de chose subsistent au sein du nouveau. L'époque qui va de l'Antiquité au XVIIIe siècle a connu une « révolution scientifique » et deux « révolutions industrielles ».

Du côté de la science, on admet généralement qu'elle forme jusqu'au XVIe siècle une tradition homogène, qui exploite l'héritage antique remanié par les penseurs arabo-islamiques.

Entre le *De revolutionibus orbium caelestium* de Nicolas Copernic (1543) et les *Philosophiae naturalis principia mathematica* d'Isaac Newton (1687) se met en place ce qu'il est convenu d'appeler la nouvelle science ou la science classique. C'est une révolution lente qui prend un siècle et demi.

Les acteurs de la nouvelle science ont été conscients qu'ils rompaient avec l'héritage de l'Antiquité et du Moyen Âge. Dans un fragment de préface au *Traité du vide*, Pascal écrit : « Ceux que nous appelons anciens étaient véritablement nouveaux en toutes choses, et formaient l'enfance des hommes proprement ; et comme nous avons ajouté à leurs connaissances l'expérience des siècles qui les ont suivis, c'est en nous que l'on peut trouver cette antiquité que nous révérons dans les autres. Ils doivent être admirés dans les conséquences qu'ils ont bien tirées du peu de principes qu'ils avaient et ils doivent être excusés dans celles où ils ont manqué plutôt du bonheur de l'expérience que de la force du raisonnement »[1]. Dans sa préface de l'*Histoire de l'Académie des Sciences depuis 1666 jusqu'à 1686*, Fontenelle déclare : « Lorsque après une longue barbarie, les sciences et les arts commencèrent à renaître en Europe, l'éloquence, la poésie, la peinture, l'architecture sortirent les premières des ténèbres, et dès le siècle passé, elles reparurent avec éclat. Mais les sciences d'une méditation plus profonde, telles que les mathématiques et la physique, ne revinrent au monde que plus tard, du moins avec quelque sorte de perfection ; et l'agréable, qui a presque toujours l'avantage sur le solide, eut alors celui de le précéder. Ce n'est guère que de ce siècle-ci que l'on peut compter le renouvellement des mathématiques et de la physique »[2].

La notion de Révolution Scientifique est employée occasionnellement depuis 1913 et fait l'objet d'une historiographie foisonnante[3]. Ce qui est en cause, c'est la question de la continuité (avec le Moyen Âge ou la Renaissance) ou de la rupture. C'est Alexandre Koyré qui a accrédité l'idée d'une rupture, qui selon lui réside dans l'idée que la nature peut se dire mathématiquement[4]. Thomas Kuhn a généralisé la notion de révolution, définie comme une discontinuité produisant des paradigmes inconciliables[5]. Rupture ou continuité, il y a, de l'aveu même des acteurs, une nouvelle méthode et un nouveau modèle du monde. La méthode est le bipôle *ratio experientia*, le calcul et l'expérimentation, le modèle est le paradigme mécaniste où tous les phénomènes s'expliquent par des déplacements de la matière dans l'espace et dans le temps qui peuvent se décrire en langage mathématique.

Du côté de la technique, l'idée d'une Révolution Industrielle fut introduite au début du XIXe siècle, par le publiciste Natalis Briavoinne, frappé du parallélisme entre les révolutions de 1830 et la naissance de la grande industrie moderne[6]. Les définitions que l'on en donne varient selon qu'on parle d'économie ou de technique[7]. Pour l'économiste, c'est la création de la grande industrie, des bassins, du prolétariat urbain. Pour l'historien des techniques, une révolution industrielle est un changement de système technique, c'est-à-dire de cet ensemble organique constitué par des énergies, des matériaux et

1. PASCAL, *Fragment de préface au traité du vide*, éd. Jean MESNARD, t. II, Paris, 1971, p. 772.

2. FONTENELLE, *Histoire de l'Académie royale des sciences, Tome Ier, Depuis son rétablissement en 1666 jusqu'à 1686*, Paris, 1733.

3. H. FLORIS COHEN, *The Scientific Revolution. A Historiographical Inquiry*, Chicago UP, 1994.

4. Voir sur Koyré les diverses contributions rassemblées par Pietro REDONDI dans *History of Technology*, 4 (1987).

5. Thomas KUHN, *The Structure of Scientific Revolutions*, 2e ed. Chicago UP, 1970, tr. fr. *La structure des revolutions scientifiques*, Paris, Flammarion, 1972.

6. Natalis BRIAVOINNE, *Sur les inventions et perfectionnements dans l'industrie depuis le XVIIIe siècle jusqu'à nos jours*, Bruxelles, 1837 (Académie Royale de Belgique, mémoires couronnés).

des mécanismes de transformation, entraînant des mutations des savoirs et de la société. Lors de la révolution industrielle des années 1750-1830, la fonte au coke remplace la fonte au bois et la machine à vapeur, l'énergie hydraulique.

Déjà Oswald Spengler (1880-1936) avait développé l'idée que le Moyen Âge avait marqué une mutation majeure dans l'histoire technique de l'Occident[8]. En 1931, le commandant Lefèbvre des Noëttes dans son ouvrage *L'attelage. Le cheval de selle à travers les âges* développait l'idée que l'invention du collier d'attelage avait fait disparaître le servage. En 1935, Marc Bloch dans *Avènement et conquêtes du moulin à eau* voyait dans la maîtrise de l'énergie hydraulique une révolution technique médiévale[9]. A sa suite, Bertrand Gille[10] et Lynn White[11] ont affiné la problématique tandis que Jean Gimpel n'hésitait pas à parler de « révolution industrielle du Moyen Âge », au prix de comparaisons un peu forcées avec la Révolution Industrielle du XIXe siècle[12]. De fait, un nouveau système technique se met peu à peu en place entre l'an mille et la Grande Peste de 1348. Il est différent du système technique de l'Antiquité, même si la plupart de ses éléments constitutifs y existent en germe. Il n'y a pas, à proprement parler, de révolution industrielle, mais la montée en puissance d'un système technique qui existe dès la fin de l'Antiquité à l'état embryonnaire.

Dans l'Antiquité, les ressources énergétiques étaient la force de l'homme et des animaux, le vent sur mer, et, à petite échelle, l'eau courante sur terre. Les matériaux étaient les métaux non ferreux et le fer produit au procédé direct, par réduction du minerai au charbon de bois dans les bas-fourneaux. Au cours du Moyen Âge, une série de perfectionnements transforment les sources d'énergie. C'est tout d'abord la naissance de l'attelage médiéval. Catherine Rommelaere et Georges Rapsaet ont bien montré que la principale

7. La technique a sa place dans le livre de Paul MANTOUX, *La Révolution Industrielle*, Paris, 1905, 3e éd. 1959 et chez W. O. HENDERSON, *La Révolution Industrielle (1750-1914)*, Paris, 1969. A dominante économique, T. S. ASHTON, *La Révolution industrielle (1760-1830)*, introduction de Cl. Fohlen, Paris, 1955 ; Cl. FOHLEN, *Qu'est-ce que la révolution industrielle ?*, Paris, 1971. Les historiens de l'économie ignorent généralement la technique. Si les machines à vapeur fonctionnaient comme certains d'entre eux les décrivent, il y a longtemps qu'elles auraient explosé.

8. O. SPENGLER, *Der Mensch und die Technik*, Munich, 1931, tr. fr. *L'homme et la technique*, Paris, 1958, p. 139 suiv.

9. M. BLOCH, « Avènement et conquêtes du moulin à eau », dans *Annales d'histoire économique et sociale*, VII (1935), p. 538-563.

10. B. GILLE, *Histoire des techniques*, p. 508-579.

11. L. WHITE, *Medieval Technology and Social Change*, Oxford, 1962, tr. fr. *Technologie médiévale et transformations sociales*, Paris-La Haye, 1969.

12. Jean GIMPEL, *La révolution industrielle du Moyen Âge*, Paris, 1975.

modification réside dans l'abandon de l'association joug-timon, peu adaptée à la conformation des équidés, et à son remplacement par l'association collier (ou bricole) et traits souples[13]. On passe ainsi d'un mode d'attelage rigide, où tractionneurs et véhicule sont étroitement soudés les uns aux autres, à un attelage où la liaison entre les animaux et la voiture se fait de manière plus souple. Par ailleurs, le fer à cheval (réservé aux chevaux qui font de longs trajets sur sol dur), les étriers, le renouveau de l'attelage à brancards, à partir du XIIe et surtout au XIIIe siècle, permettent l'utilisation optimale de la force du cheval dans la paix et dans la guerre. La force du vent est exploitée sur terre. Au XIIe siècle, les charpentiers de marine de Flandre, d'Angleterre et du Nord de la France construisent les premiers moulins à pivot, suivis dès le XIVe siècle par les moulins à calotte tournante[14]. Mais c'est surtout l'énergie hydraulique qui se développe, non comme une invention médiévale, mais comme une généralisation des mécanismes hérités de l'Antiquité. Les patientes recherches de Dietrich Lohrmann ont montré que loin de disparaître au haut Moyen Âge, le moulin à eau se répand et, avec lui, l'engrenage pignon-lanterne[15]. Écrit entre 1080 et 1086, le célèbre *Domesday Book* recense en Angleterre 5 624 moulins à eau. Un autre mécanisme hérité de l'Antiquité se généralise : l'arbre à cames transforme le mouvement circulaire continu de la roue en mouvement rectiligne alternatif, celui des pompes ou des marteaux. L'arbre moteur, relié à la roue, est garni de sabots (les cames ou alluchons) placés à intervalles réguliers. Ces sabots soulèvent un levier pivotant autour d'un point fixe. Quand la came est passée, le levier retombe de son propre poids. La came est une invention des ingénieurs d'Alexandrie, Ctésibios (vers 275 av. J.-C.) et Philon le Mécanicien (vers 250 av. J.-C.) qui l'ont employée pour actionner des automates. On la trouve actionnant des pilons dans les monastères du haut Moyen Âge[16]. La came se répand à partir du XIe siècle pour actionner toutes sortes de machines : les scies hydrauliques, les fouleries où des marteaux foulent la laine, les bocards où des marteaux concassent le

13. Georges RAPSAET, Caherine ROMMELAERE, *Brancards et transport attelé entre Seine et Rhin de l'Antiquité au Moyen Âge*, Treignes, 1993.

14. Yves COUTANT, *Dictionnaire historique et technique du moulin dans le Nord de la France*, Turnhout, Brepols, 2009.

15. Dietrich LOHRMANN, « L'histoire du moulin à eau, avant et après Marc Bloch », dans H. ATSMA, A. BURGUIERE (eds), *Marc Bloch aujourd'hui. Histoire comparée et sciences sociales*, Paris, EHESS, 1990, p. 339-347 ; « Travail manuel et machines hydrauliques avant l'an mil », dans J. HAMESSE, C. MURAILLE-SAMARAN, *Le travail au Moyen Âge*, Louvain-la-Neuve, 1990.

16. On trouve des *pilae* (pilons) actionnés par l'eau vers 450 au monastère de Condate (*Vies des pères du Jura*, éd. F. MARTINE, Paris, 1968, p. 296-302) et vers 800 dans le plan de l'abbaye de Saint Gall (W. HORN, « Water power and the Plan of St Gall », dans *Journal of Medieval History*, I (1975), p. 219-258).

minerai, les moulins à papier, à guède, à tan. A partir du XIIe siècle, le moulin à fer ou martinet hydraulique mécanise le martelage des loupes de fer produites au bas-fourneau»[17].

Arbre à cames soulevant un marteau-pilon, XVIIe siècle
Maison de la Métallurgie de Liège, cliché CHST

Au XIIIe siècle, la description poétique du monastère de Clairvaux[18] évoque les rôles multiples de l'eau dans un complexe cistercien. La rivière irrigue les champs et renouvelle l'eau des viviers. Déviée vers les ateliers, elle passe successivement au moulin, à la brasserie, à la foulerie, à la tannerie, à des ateliers non spécifiés, avant d'emporter les immondices.

L'application de l'énergie hydraulique et de l'arbre à cames à la soufflerie des fourneaux à fer remonte peut-être au XIIe siècle en Scandinavie. Elle est

17. B. GILLE, « Le moulin à fer et le haut-fourneau », dans *Métaux et civilisations*, I (1946), p. 89-94.

18. *Patrologie latine*, 185, col. 170 suiv.

attestée en Lorraine à la fin du XIIIe siècle[19]. Elle entraîne une augmentation de la capacité des soufflets et la construction de fourneaux plus grands, passant du bas-fourneau au haut-fourneau. A une époque plus ou moins précoce selon les régions mais très généralement au XIVe siècle, l'augmentation de température à l'intérieur du haut-fourneau permet de produire le fer à l'état de fonte liquide, qu'il faut affiner, c'est-à-dire décarburer pour la transformer en fer. C'est le procédé indirect.

Arbre à cames actionnant les soufflets d'un haut-fourneau, XVIIe siècle
Maison de la métallurgie de Liège, cliché CHST

19. A. JOCKENHÖVEL, Christoph WILLMS, « Archaeological Investigations to the Beginning of Blast-Furnace Technology in Central Europe. A preliminary report », dans Frans VERHAEGHE, *Material Culture in Medieval Europe*, 7, Zellik, 1997, p. 17-19 ; J. TAUBER, « Archäologie und Naturwissenschaften. Das Beispiel der Eisenarchäologische Forschungen in der Nordwestschweiz », dans *History of Medieval Life and the Sciences*, Wien, 2000, p. 117-135 ; H. COLLIN, « Aux origines du bassin sidérurgique de Briey : les forges de la région de Moyeuvre à la fin du XIIIe siècle et au début du XIVe », dans *Actes du 98e Congrès des Sociétés Savantes*, Paris, 1975, p. 61-80 ; K. HORIKOSHI, *L'industrie du fer en Lorraine XIIe-XVIIe siècles*, Éditions Dominique Guéniot, 2007, p. 85-87.

Enfin, le système bielle-manivelle transforme le mouvement circulaire continu en mouvement alternatif, ou réciproquement (à la différence de l'arbre à cames). Le système constitué d'une bielle rigide et d'une manivelle n'apparaît qu'à la fin du XIVe siècle, d'abord pour de petits moulins à bras, où la bielle prolonge le bras humain, puis pour des machines à pédale (le tour, le rouet à filer, la meule à aiguiser). A la fin du XVe siècle, on applique le système à de grandes machines, notamment les scies et les pompes mues par l'énergie hydraulique[20].

Roues hydrauliques actionnant des pompes d'exhaure par un système bielle-manivelle d'après Georg AGRICOLA, *De re metallica*, Bâle, 1556, Collection CHST

Ce système technique se maintient, avec des modifications partielles mais sans discontinuité, jusqu'à la fin du XVIIIe siècle. Toutes les machineries de tous les métiers emploient les mêmes énergies et combinent les mêmes mécanismes. L'énergie hydraulique a deux inconvénients majeurs : elle chôme en période de basses eaux, elle est difficilement transportable à quelque distance

20. B. GILLE, « La naissance du système bielle-manivelle », *Techniques et civilisations*, 2 (1952), p. 42-46.

des rivières. Typique de ce plafonnement du système, l'illustre machine de Marly. En 1678, Louis XIV lança un appel d'offres international pour faire monter l'eau de la Seine jusqu'au château de Versailles, situé à 157 mètres plus haut[21]. C'est le chevalier Arnold de Ville qui décrocha le marché. Une machine géante fut construite à Marly entre 1681 et 1684 par une équipe de charpentiers liégeois spécialisés dans l'hydraulique minière. Leur modèle fut la machine construite au château de Modave près de Liège, qui élevait l'eau du Hoyoux d'une quarantaine de mètres au moyen d'une seule roue, deux manivelles et deux fois quatre pompes qui refoulaient l'eau dans une seule conduite. La machine de Marly, c'est quatorze machines de Modave mises en batterie. Quatorze roues actionnaient des pompes qui montaient l'eau de la rivière dans un premier puisard à 48 mètres de hauteur. De là, l'eau était pompée d'abord dans un deuxième puisard, à 51 mètres plus haut, et enfin dans un château d'eau situé à 53 mètres plus haut encore. C'étaient les mêmes roues qui actionnaient les pompes des rivières, celles du premier puisard et celles du deuxième. Le mouvement était transmis par l'intermédiaire de longues chaînes constituées de tringles de fer. La plus grande partie de l'énergie produite se perdait en frottement. C'est l'époque où les premières pompes à feu de Savery et de Newcomen sont mises au point en Angleterre, ouvrant la voie à une nouvelle énergie, la vapeur.

Du côté des matériaux, les hauts-fourneaux marchaient au charbon de bois. On ne pouvait utiliser le charbon de terre, car il contient des matières volatiles qui rendent le fer impropre à l'usage. Il s'ensuivit un déboisement considérable, contre lequel tous les souverains d'Europe durent prendre des mesures. Les essais pour épurer la houille, c'est-à-dire pour la transformer en coke, se multiplient au XVIIe et surtout au XVIIIe siècle. On y parvint de divers côtés, mais c'est Abraham Darby qui le premier parvint à l'employer dans son fourneau de Coalbrookdale (1745). Un nouveau système technique se met en place.

De cette mise en parallèle ne se dégage aucune synchronie. Les sciences et la technique évoluent chacune de leur côté, et les grandes scansions de ces évolutions ne coïncident pas. La Révolution Scientifique se situe à l'apogée d'un système technique. Mais on va voir, tout au contraire, que la technique est en quête de rationalité, et la science, de plus en plus poreuse aux connaissances issues des savoirs de production.

21. Voir à présent l'ouvrage collectif, *Les maîtres de l'eau. D'Archimède à la machine de Marly*, Marly-Louveciennes, 2006.

Machine de Marly, gravure anonyme du XVIIe siècle, collection CHST

Chapitre 2

LES SAVOIRS ET LES TEXTES

Quiconque a travaillé de ses mains sait que l'essentiel d'un métier ne se transmet pas par les livres mais par le geste et la parole, du père au fils, du patron à l'apprenti[1]. Un tel savoir ne laisse de traces que dans l'objet fabriqué, que le laboratoire fait parler[2] et dans le document d'archives, toujours laconique parce que son contexte est supposé connu. Mais du charbonnier dans sa forêt aux bâtisseurs de cathédrales, le monde des techniciens est complexe et divers. Les milieux s'y différencient non seulement par le contenu de leur savoir, mais par son mode de transmission, plus précisément par le rapport à l'écrit qui reflète sa dignité sociale. La question fondamentale est la relation des écrits techniques avec la pratique des chantiers et des ateliers, d'une part, avec les littératures savantes de l'autre. Les uns, comme la littérature des recettes ou les manuels des mesureurs se veulent purs reflets de la pratique. Les autres, comme les traités d'agriculture ou d'architecture, reconstruisent la pratique à partir de ses principes dans la tradition des *artes*[3], comme les cahiers d'ingénieurs combinent état de l'art et recherche.

En tout état de cause, la mise par écrit d'un procédé induit une représentation. Même pris élémentairement dans son sens mental et discursif de « ren-

1. D. CHEVALIER (dir), *Savoir faire et pouvoir transmettre. Tranmission et apprentissage des savoir-faire et des techniques*, Paris, EMSH, 1991 (*Ethnologie de la France, cahier 6*).

2. Voir par exemple l'admirable ouvrage d'Elisée COULIBALY, *Savoirs et savoir-faire des anciens métallurgistes d'Afrique Occidentale. Procédés et techniques de la sidérurgie directe dans le Bwamu (Burkina Faso et Mali)*, Paris, Karthala, 2006.

3. B. MEISSNER, *Die technologische Fachliteratur der Antike. Struktur, Überlieferung und Wirkung technischen Wissens in der Antike (ca 400 v. Chr-ca 500 n. Chr)*, Berlin, 1999 ; Laetitia BOEHM, « Artes mechanicae and artes liberales im Mittelalter. Die praktischen Künste zwischen illiterater Bildungstradition und Schriftlicher Wissenschaftskultur », dans K. R. SENNITH, R. PAULER, *Festschrift für Eduard Hlawitschka*, Kallmünz, 1993, p. 419-444.

dre présent quelque chose », le concept de représentation est ici un concept-clé. La représentation implique la substitution d'un objet à un autre. Au niveau de l'émission, elle comporte la notion d'écart et l'absence du représenté (le procédé réel n'est plus là). Elle est tributaire de ses outils, notamment du langage (voir l'imprécision des termes de temps, de couleur, de chaleur, d'odeur). Se pose aussi le problème de l'irreprésentable et de la fausse représentation. Au niveau de la réception (par celui qui se sert du texte pour appliquer le procédé), il pose la problématique du transcodage entre deux systèmes de représentation (éloignés dans le temps et/ou l'espace) pouvant entraîner des glissements de sens. C'est tout le problème de la représentation que se fait le lecteur à distance diachronique de la réalité représentée[4]. Ainsi, les textes issus des milieux techniciens sont marqués d'une série d'ambiguïtés, mais constituent en même temps des passerelles de savoir vers le monde des *litterati*, le monde qui lit et qui écrit. Les passages où Pline l'Ancien et Albert le Grand, par exemple, se trompent sur l'interprétation d'un procédé sont plus intéressants que les descriptions exactes, car l'écart entre description et réalité met sur la piste des conditionnements de la représentation.

La littérature des recettes

Dans les manuscrits antiques, médiévaux et modernes, on trouve par milliers de courts textes censés décrire des procédés de tout ordre. On les appelle usuellement « recettes » (anglais *recipe*) d'après leur premier mot latin *recipe* (prenez). Elles sont soit éparses dans les marges et les blancs des manuscrits, soit compilées en recueils spéciaux sans cesse enrichis. Ce sont des textes vivants. Les copistes ne se privent jamais d'ajouter, de retrancher, de modifier la chaîne des ingrédients et des opérations. Ces textes innombrables ne sont ni catalogués, ni édités, ni étudiés. Les inventaires de Cézard[5] et de Thompson[6] ne sont que des sondages, et les éditions n'ont porté que sur des documents isolés.

4. Voir l'article « Représentation » de Claire MARIN, Elisabeth PACHERIE, J. MORIZET, P. POUIVET et Michèle PORTE, dans M. BLAY (dir.), *Grand dictionnaire de la philosophie*, Paris, Larousse-CNRS, 2003, p. 923-925.

5. P. CEZARD, *La littérature des recettes du XIIe au XVIe siècle d'après les manuscrits des bibliothèques publiques de Paris. Positions de thèses. École nationale des Chartes*, 1944, p. 23-30 ; « L'alchimie et les recettes techniques », dans *Métaux et civilisations*, I, 1 (1945), p. 5-10 ; I, 2 (1945), p. 41-45.

6. D. V. THOMPSON, « Trial Index to some unpublished sources for the history of Mediaeval craftsmanship », dans *Speculum*, 10 (1935), p. 410-431.

Bon nombre de recettes concernent les métiers d'art, copiste, enlumineur, verrier, peintre et orfèvre. Mais à côté des procédés pour les couleurs, leurs supports, les colles, les encres, les vernis, les lettres d'or et d'argent, on trouve des dorures, des eaux à diaprer, des teintures de métaux, des enduits contre la rouille, des soudures, des alliages de cuivre, des bains de trempe du fer, des compositions médicinales, des vinaigres, des onguents, des cosmétiques, des sternutatoires et des poudres contre les poux, de fausses perles et de fausses pierres, des feux de guerre et des procédés agricoles ou horticoles, des conjurations et des formules magiques, des bribes de procédés alchimiques. L'imprimerie donnera une grande diffusion à cette littérature[7].

Au fil de son histoire, cette tradition est marquée par une série d'ambiguïtés. Les propriétaires des manuscrits, quand on peut les identifier, ne sont pas des artisans, mais des hommes lettrés, peintres, copistes, médecins, religieux, qui les enrichissent d'éléments recueillis dans leurs lectures et leurs conversations. Tel le célèbre manuscrit BNF latin 6741 de maître Jean le Bègue, licencié en droit et greffier des maîtres de la monnaie à Paris[8]. La valeur technique des procédés est parfaitement variable. Bon nombre de procédés ne « marchent pas » parce qu'ils ne peuvent pas marcher. Si les historiens de l'enluminure y trouvent des informations irremplaçables[9], le métallurgiste est quelquefois surpris. Ainsi, les compositions où l'on trempe le fer rouge contiennent du sang de bouc (de préférence en chaleur), de la graisse de bouc, de l'urine de bouc, de l'urine de garçon roux, de fillette rousse, de l'eau de radis, du jus de ver de terre ou de diverses plantes rouges (clématite flammette, veluette, etc.). Comme les outils ainsi trempés sont généralement des instruments de coupe, le rapprochement s'impose avec les recettes où le verre et la pierre dure, trempés dans le même sang de bouc, deviennent assez mous pour être taillés. Pour l'ethnologue, une surévaluation du rouge et du sang est perceptible à l'arrière-plan[10].

Il est en général impossible d'identifier les sources de ces recueils, mais on se trompe à coup sûr en y voyant un pur reflet de la pratique. Les histo-

7. W. EAMON, « Books of Secrets in Medieval and Early Modern Science », dans *Sudhoffs Archiv*, 69 (1985), p. 26-49 ; *Science and the Secrets of Nature. Books of Secrets in Medieval and Early Modern Culture*, Princeton UP, 1994. On en trouvera une liste dans J. FERGUSON, *Bibliographical notes on histories of inventions and Books of Secrets*, London, 1959.

8. Ce manuscrit est presque tout entier édité par M. E. MERRIFIELD, *Original treatises dating from the XIIth to the XVIIIth centuries on the arts of Painting*, London, 1849.

9. G. LOUMYER, *Les traditions techniques de la peinture médiévale*, Liège, 1943 ; H. ROOSEN-RUNGE, *Farbgebung und Technik frühmittelalterlicher Buchmalerei. Studien zu den Traktaten* Mappae clavicula *und Heraclius*, München, 1967.

10. R. HALLEUX, « Recettes d'artisan, recettes d'alchimiste », dans R. JANSEN SIEBEN (éd.), *Artes mechanicae en Europe médiévale*, Bruxelles, 1989, p. 25-49.

riens de la médecine dite « populaire » ont montré que bon nombre de recettes vulgarisent des procédés issus de la médecine savante[11]. De même, des procédés alchimiques des papyrus de Leyde et de Stockholm cheminent, via la *Mappae clavicula* et sa postérité, jusqu'aux *Manuels Roret* du XIXe siècle.

Les titres des recueils confirment ces conclusions. Ils s'intitulent *secreta*, c'est-à-dire des connaissances réservées, ou *experimenta*, un terme fort répandu dans la littérature médicale. On se gardera de le traduire par expérience. En médecine médiévale, un *experimentum* est un procédé curatif qui n'a pas de justification rationnelle, mais qui tire sa légitimité de son efficacité. C'est un procédé qui a réussi ou dont une autorité dit qu'il a réussi. Le sens est identique dans nos manuscrits, où il faut traduire *experimenta* par « procédés efficaces et/ou attestés ». Ce critère permet d'accueillir toute espèce de procédés, notamment ceux dont l'efficacité prétendue repose sur une coïncidence, une erreur d'interprétation, voire la seule autorité d'une source, fût-elle suspecte ou mal comprise[12].

Comme représentation d'une pratique, la recette la plus positive est un texte de trois temps : celui où elle fut mise par écrit, celui de sa transmission, celui du lecteur qui entreprend de l'appliquer. Entre le premier temps et le dernier s'écoulent parfois des millénaires. Au premier temps, les problèmes qui se posent sont le non-dit (ce qui va de soi ou ce qui fait le secret de fabrication) et l'inadéquation du langage (imprécision du vocabulaire et de la quantification) ; au deuxième temps s'enchaînent les corruptions textuelles involontaires (les fautes des scribes) et volontaires (les réinterprétations) et les évolutions sémantiques (les substances changent de nom, les noms changent de substance) ; au troisième temps, le texte de la recette affronte le choc en retour d'une nouvelle pratique.

Mesureurs et marchands

Deux professions, les mesureurs et les marchands, ont produit des textes qui se prétendent destinés à la pratique. En apparence, ce sont des prescriptions non justifiées, c'est-à-dire des recettes. En réalité, ils reflètent la même ambiguïté car le savoir qu'ils contiennent va souvent bien au-delà des nécessités pratiques de l'arpentage, du jaugeage des tonneaux ou du négoce.

11. Carmélia OPSOMER, « Prolégomènes à une étude des recettes médicales latines », dans *Mémoires III. Médecine et médecins dans l'Antiquité*, Saint-Etienne, Centre Jean Palerne, 1982, p. 85-96.

12. Voir troisième partie, chapitre 1.

Les géométries pratiques

De l'Antiquité jusqu'au XVIe siècle, les géométries dites pratiques sont de purs recueils de recettes pour mesurer des lignes, des surfaces, des volumes[13]. Ces procédés de calcul sans démonstration, qui ont coexisté avec la géométrie savante, sont puisés à une tradition *sui generis* très ancienne (comme les *Metrica* d'Héron), qui charrie des formules héritées des Egyptiens et des Babyloniens. Mais on y trouve aussi des énoncés d'Euclide allégés de leur démonstration ou des débris de géométrie savante sortis de leur contexte et dont le sens est profondément perverti.

L'œuvre des arpenteurs latins (*gromatici, agrimensores*) forme un vaste corpus qui comprend à la fois des textes juridiques et des manuels de mesurage[14]. Grâce aux chercheurs de l'Université de Besançon, on mesure leur dépendance par rapport aux techniciens alexandrins[15]. Dès l'époque carolingienne, cette tradition interfère avec la tradition euclidienne. Au témoignage de Cassiodore, Boèce aurait traduit Euclide, en tout ou en partie[16]. Mais cette traduction est perdue pour sa plus grande partie. Au VIIIe siècle, probablement à Corbie, on combina les fragments qui restaient, généralement des énoncés sans démonstration, avec des textes des agrimenseurs. C'est la première Géométrie apocryphe de Boèce. Le mouvement se poursuivit aux alentours de l'an mil dans l'entourage de Gerbert et de Fulbert avec la *Geometria Gerberti*, la *Geometria incerti auctoris*, la deuxième Géométrie apocryphe de Boèce[17]. Jusqu'aux premières traductions de l'Euclide arabe, ces textes mêlés constituent le seul accès à l'Euclide perdu. Cette tradition alimente les géométries pratiques du Moyen Âge. Mais des éléments de géométrie savante, pas toujours bien compris, coexistent avec la pratique agrimensoriale. Typique de cette confusion, l'utilisation de nombres polygones, qui sont

13. L. TONEATTO, « Stato degli studi sulla tradizione manoscritta degli opusculi latini d'agrimensura del V al XIII secolo », dans *Giornale filologico ferrarese*, XI (1988), p. 19-33.

14. Sur les arpenteurs, O. DILKE, *The Roman land surveyors. An introduction to the Agrimensores*, London, 1971 ; E. CHOUQUER et E. FAVORY, *Les arpenteurs romains*, Paris, 1992. Sur le corpus, L. TONEATTO, *Codices artis mensoriae. I manoscritti degli antichi opuscoli latini d'agrimensura (Ve-XIe sec.)*, Spoleto, Centro Italiano di Studi sull'Alto Medioevo, 1994, 3 vols. Édition de référence F. BLUME, K. LACHMANN, A. RUDORFF (eds), *Die Schriften der Römischen Feldmesser*, Berlin, 1848.

15. Voir l'introduction de J. Y. GUILLAUMIN, *Balbus. Présentation systématique de toutes les figures. Podismus et textes connexes*, Napoli, Jovene, 1996 (*Corpus Agrimensorum Romanorum*, II et III), p. 9-10 et 93-108.

16. CASSIODORE, *Variae*, I, 45, 4, *MGH AA*, XII, 40 ; *Institutiones*, II, 53, p. 153 Mynors.

17. Sur cette tradition, M. FOLKERTS, *« Boethius » Geometrie II. Ein mathematisches Lehrbuch des Mittelaters*, Wiesbaden, Steiner, 1970 (*Boethius. Texte und Abhandlungen zur Geschichte der exakten Wissenschaften*, IX).

des sommations de progressions arithmétiques, pour mesurer les aires des polygones[18].

Les manuels de marchands et les arithmétiques commerciales

C'est l'illustre Henri Pirenne qui, dans un mémorable article des *Annales*, posa le problème de l'instruction, particulièrement mathématique, des marchands[19]. L'histoire des arithmétiques commerciales est liée à celle de la numérotation décimale de position que nous utilisons, notée avec des « chiffres arabes ». On sait que cette numération a été inventée en Inde, qu'elle a été utilisée dans le monde arabe dans les milieux commerciaux plutôt que par les savants et que les Arabes l'ont transmise à l'Europe au Xe siècle. Les traductions du livre du *Calcul indien* d'al-Khwarizmi initient la tradition des algorismes, qui prend deux directions : vers les clercs, pour le comput et l'astronomie, vers les marchands, dans les arithmétiques commerciales, où elle concurrence peu à peu le calcul avec l'abaque[20]. Alors que les commerçants du XIIIe siècle envoyaient leurs fils apprendre les mathématiques dans les monastères, au risque d'y rester, les écoles d'arithmétique commerciale (*botteghe d'abbaco*) dirigées par les « maîtres d'abaque » se développent dans les villes italiennes aux XIVe et XVe siècles, imitées par les *Rechenschule* des villes hanséatiques au XVe siècle[21].

Tout au long de son histoire, l'arithmétique commerciale opère des va-et-vient entre le calcul d'application et le calcul de recherche pure. Typique de cette dualité, Léonardo Fibonacci (1170-1240). Dans l'autobiographie qui ouvre son *Liber abaci*[22], il raconte que son père qui occupait une fonction consulaire au service des marchands de Pise, à Bougie, le fit venir près de lui pour l'initier aux calculs des Arabes. Léonard, habitué jusque là à la numéra-

18. S. N. VICTOR, « Practical Geometry in the High Middle Ages, *Artis cuiuslibet consummatio* and the *Pratike de Geometrie* », dans *Memoirs of the American Philosophical Society*, 139 (Philadelphie, 1979), p. 129.

19. H. PIRENNE, « L'instruction des marchands au Moyen Âge », dans *Annales d'histoire économique et sociale*, I (1929), p. 13-28. Voir A. J. GOUREVITCH, « Le marchand », dans J. LE GOFF (dir.), *L'homme médiéval*, Paris, 1989, p. 267-313.

20. P. BENOIT, « Calcul, algèbre et marchandises », dans Michel SERRES (dir.), *Eléments d'histoire des sciences*, Paris, 1989, p. 197-221.

21. W. VAN EGMOND, *Practical mathematics in the Italian Renaissance. A catalog of Italian Abbacus Manuscripts and Printed Books to 1600*, Florence, 1980 ; P. L. ROSE, *The Italian Renaissance of Mathematics. Studies on Humanists and Mathematicians from Petrarch to Galileo*, Genève, Droz, 1976.

22. R. E. GRIMM, « The Autobiography of Leonardo Pisano », dans *Fibonacci Quarterly*, 11 (1976), p. 99-104. Dernier état de la question dans « Leonardo Fibonacci. Matematica e società nel Mediterraneo nel secolo XII », dans *Bollettino di Storia delle Scienze matematiche*, 2003, 2 et 2004, 1.

tion alphabétique des Grecs et des Latins, et à l'abaque des Romains, s'enthousiasma pour le nouveau calcul et s'en instruisit grâce à des voyages d'affaires en Égypte, Syrie, Grèce, Sicile et Provence. Mais Fibonacci est bien plus qu'un marchand, il est un mathématicien en vue à la cour de Frédéric II et il introduit dans son traité une vaste section d'algèbre sur les équations du second degré. A son exemple, les maîtres d'abaque des XIVe et XVe siècles, comme Paolo Gerardi Biagio ou Antonio de'Mazzinghi enseignent la manière de calculer par écrit en notation décimale de position, mais développent aussi les équations du deuxième et du troisième degré.

Ainsi, une arithmétique commerciale comprend à la fois des problèmes d'application courante, des problèmes pseudo-réels où le commerce n'est qu'une fiction pédagogique et des problèmes récréatifs qui sont de purs jeux d'esprit. Tel est, par exemple, le *Compendy de la praticque des nombres* écrit vers 1467-68 par le dominicain Barthélemy de Romans et brillamment édité par Maryvonne Spiesser[23]. Affirmant dans sa préface que « la science et art des nombres » est utile « à toutes gens et mesmement à marchants », il entend dépasser les arithmétiques pratiques et faire un effort de théorisation. Cette ambiguïté des sources a été bien remarquée par Jochen Hoock et Pierre Jeannin dans leur *Ars Mercatoria,* bibliographie analytique des manuels de marchands de 1470 à 1600[24] : « les arithmétiques ont demandé une lecture particulièrement attentive, qui livre les traits signalétiques d'un manuel réellement adapté à l'instruction pour le commerce ; la démarche didactique y est calquée sur les situations et les actes divers du marchand, l'exposé est bourré de renseignements de fait sur les usages du commerce, les exercices qui tiennent souvent beaucoup plus de place que la « doctrine » roulent sur des arguments généralement réalistes, des affaires et des relations directement puisées dans l'expérience. Voilà donc en bref les motifs écartant de notre champ Gemma Frisius et tous les traités dont son *Arithmeticae Practicae Methodus* (1540), classique à grand succès représente bien le type. L'arithmétique pratique, au sens habituel du XVIe siècle, qui le distingue de l'arithmétique théorique, n'est pas forcément une arithmétique commerciale, pratique renvoie dans cette terminologie à la manière de faire des opérations sur les nombres ».

23. Maryvonne SPIESSER, *Une arithmétique commerciale du XVe siècle. Le* Compendy de la praticque des nombres *de Barthélemy de Romans*, Turnhout, Brepols, 2003. Voir aussi Maryvonne SPIESSER, Françoise FERY-HUE, « Le recueil mathématique de Cesena Biblioteca Malatestiana, s.XXVI.6, au cœur du réseau franco-occitan des mathématiques pratiques au XVe siècle », dans *Archives Internationales d'Histoire des Sciences*, 158 (2007), p. 47-88.

24. J. HOOCK, P. JEANNIN, *Ars mercatoria. Handbücher und Traktate für den Gebrauch des Kaufmanns. Eine analytische Bibliographie*, I, 1470-1600, Paderborn, 1991, p. XXXI.

Beaucoup plus proches de l'activité quotidienne sont les traités de *Pratica della Mercatura* dont le plus célèbre est celui de Francesco Balducci Pegolotti, écrit vers 1340[25]. On y trouve les routes et les centres de production du bassin méditerranéen et de l'Europe du Nord, le cours des changes, les taxes, le contrôle de qualité des denrées (cuivre, étain, soie), les poids et mesures, le calendrier, les tables d'intérêt composé, des procédés d'essai et d'affinage des métaux précieux, d'après des sources administratives et l'expérience personnelle de l'auteur.

Une agriculture en quête de science

Elite romaine des *artes*, l'agriculture, l'architecture et l'art de la guerre furent, dès l'Antiquité, codifiés en *disciplinae* et mis en traités systématiques construits au départ de principes théoriques à l'usage des propriétaires fonciers, des maîtres d'ouvrage et des officiers supérieurs. Pendant un millénaire et demi, les textes sont copiés, recopiés, enrichis et aménagés, puis imprimés pour la valeur du savoir qu'ils contiennent encore.

L'*agri cultura* antique et médiévale correspond très peu à l'agronomie moderne. Il s'agit en fait d'économie rurale, de gestion de biens de campagne au sens le plus large. On y traite non seulement des champs, mais aussi des vignes et des jardins alimentaires, condimentaires et médicinaux, des prairies et des élevages, de la construction de la maison, de la gestion du personnel, de la médecine vétérinaire et même de la médecine domestique. Une tradition homogène mais non sans hiatus, va de Caton à Olivier de Serres[26]. Ce sont les Romains qui lui ont donné à la fois sa structure et sa dignité avec Caton, Varron, Columelle et Palladius, mais aussi les *Géorgiques* de Virgile. René Martin a montré comment ces œuvres correspondent à des contextes économiques et sociaux différents[27]. Écrits entre 50 et 37 avant J.-C., les trois livres du *De agricultura* de Varron adoptent la forme du dialogue consacrée depuis Platon pour l'enseignement philosophique. Le livre I est consacré à l'économie rurale proprement dite, gestion et exploitation, et à l'agriculture *stricto sensu*. Le livre II traite d'élevage, le livre III de la *pastio villatica*, aviculture, apiculture, pisciculture, élevage de gibier en parcs et garennes[28]. Au

25. Francesco Balducci PEGOLOTTI, *La pratica della mercatura*, ed. Allen EVANS, Cambridge Mass., The Medieval Academy of America, 1936.

26. Olivier DE SERRES, *Le théâtre d'agriculture et mesnage des champs : dans lequel est représenté tout ce qui est requis et nécessaire pour bien dresser, gouverner, enrichir et embellir la maison rustique*, avec introduction de Pierre LIEUTAGHI, Arles, Actes Sud, 2001

27. R. MARTIN, *Recherches sur les agronomes latins et leurs conceptions économiques et sociales*, Paris, 1971.

28. VARRON, *Economie rurale*, I, éd. J. HEURGON, Paris, 1978.

Ier siècle de notre ère, Lucius Junius Moderatus Columelle, un proche de Sénèque, prêche comme Virgile le retour à la terre comme œuvre de salut public, appuyée sur un meilleur enseignement des connaissances agricoles[29]. Pour tous les arts, même les plus frivoles, il existe des écoles, des professeurs et des élèves. Or l'agriculture est la seule science « qui n'ait ni disciples qui l'apprennent, ni maîtres qui l'enseignent »[30]. Or, le véritable agriculteur doit être un véritable savant toute au long de sa vie. Columelle veut hisser l'agriculture au rang de science et il expose en douze livres tout ce qui est nécessaire à un grand propriétaire (entre 500 et 1500 ha) exploitant ses biens en faire valoir direct. Il y expose successivement l'utilité et l'agrément de l'économie rurale (livre I), les champs et les moissons (II), les vignes et les vergers (III-IV), la mesure du temps et les arbres (V), l'élevage (VI-VIII), l'apiculture (IX), le jardinage (X, en hexamètres), les devoirs du fermier (XI), des recettes d'économie rurale (XII).

Mais les ouvrages de Varron et de Columelle sont très peu lus au haut Moyen Âge. Il n'y a qu'un tout petit nombre de manuscrits carolingiens. En revanche, on copie et on lit l'*Opus agriculturae* composé vers 460 par Rutilius Taurus Aemilianus Palladius, un haut fonctionnaire qui vivait dans ses terres d'Italie et de Sardaigne[31]. L'œuvre comprend treize livres, auxquels s'ajoutent un *de veterinaria medicina* (livre XIV) et un poème sur la greffe *carmen de insitione* (livre XV). Le premier livre comprend des principes généraux et la description des travaux selon les douze mois de l'année. La formule, inspirée des *Travaux et jours* d'Hésiode, aura un succès immense jusqu'aux almanachs agricoles de l'époque moderne. En témoignent les 127 manuscrits conservés dont 100 sont antérieurs au XVe siècle, et sept sont carolingiens. C'est que l'*Opus agriculturae* répondait parfaitement à la nouvelle réalité du domaine aristocratique ou monastique vivant en autarcie. Déjà seigneur féodal, le grand propriétaire du Ve siècle vit entouré de sa famille avec des ouvriers spécialisés, tonneliers, métallurgistes, briquetiers, etc[32]. Cette formule convient tout aussi bien à un monastère. Selon la *Règle du maître*[33] « Tout doit être contenu dans le monastère, un four pour le pain, les bâtiments, le *refrigerium* (lieux d'aisance) ». Cette prescription est reprise

29. *L. Iani Columellae opera quae extant*, ed. V. LUNDSTRÖM *et al.*, Göteborg-Upsala, 1897-1968.

30. COLUMELLE, I, Introduction.

31. PALLADIUS, *Opus agriculturae, de veterinaria medicina, de insitione*, ed. R. H. RODGERS, Leipzig, 1975.

32. J. L. GAULIN, « Tradition et pratiques de la littérature agronomique pendant le haut Moyen Âge », dans *L'ambiente vegetale nell'alto medievo*, *Settimane*, XXXVII, Spolète, 1990, p. 103-135.

33. *Règle du Maître*, p. 446 de Voguë.

dans la Règle de Saint Benoît[34] « Le monastère, s'il est possible, doit être établi de manière que l'on y trouve toutes les choses nécessaires, c'est-à-dire de l'eau, un moulin, un jardin, une boulangerie et des ateliers pour que l'on puisse y exercer à l'intérieur même de la clôture les divers métiers, en sorte que les moines n'aient aucune nécessité de courir au dehors ». C'est le plan réalisé à Vivarium, où la bibliothèque contient des livres sur les jardins, sur l'agriculture, l'élevage et la médecine[35].

C'est au XIIe siècle que la tradition se modifie sous l'influence de l'agronomie arabe, des plantes exotiques et de nouvelles techniques culturales.

L'étude des savoirs agricoles au Moyen Âge a considérablement progressé au cours de ces dernières décennies[36]. On voit se dessiner un contraste entre la stagnation de beaucoup de régions et le dynamisme agricole de la Flandre et de l'Angleterre : meilleurs rendements, augmentation de la productivité, diversification des cultures, ce qui implique des labours plus profonds, des binages et des sarclages plus soignés, des engrais plus abondants et plus adéquats, des plantes améliorantes et un fumier de qualité ; et d'autre part, perfectionnement de l'élevage grâce à la culture des plantes fourragères, l'entretien des prairies permanentes et le développement des prairies artificielles.

Art mécanique, l'agriculture entretient avec la philosophie un double rapport : source principale d'approvisionnement, elle est la clé de l'économique ; travaillant sur le vivant, elle permet d'appréhender les modes d'action de l'âme végétative, des humeurs et des éléments, et interpelle à plusieurs égards le concept d'espèce. Cette dualité se reflète chez Vincent de Beauvais[37], qui traite d'agriculture aux livres X et XI du *Speculum naturale* et au livre VI du *Speculum doctrinale*, qui traite *de arte economica*, où Vincent reprend la définition d'Isidore[38] « L'économique ou dispensatoire est l'art ou la science par laquelle l'ordre des choses domestiques est disposé avec sagesse ». C'est une caractéristique commune à la littérature agronomique de déborder les techniques pour couvrir l'art tout entier de vivre à la campagne, en gérant terres, bêtes et gens. La comptabilité, l'arpentage, l'art vétérinaire, la cuisine, la médecine du père de famille y ont leur place. Cette prétention se retrouve aussi bien chez Caton que chez Olivier de Serres, dans la *Maison Rustique* d'Estienne ou le *Dictionnaire économique* de Chomel.

34. *Règle de Saint Benoît*, 66.

35. Cassiodore, *Institutiones*, I, 28 et I, 31 Mynors.

36. On trouvera une bibliographie très complète dans Perrine MANE, *Le travail à la campagne au Moyen Âge. Étude iconographique*, Paris, Picard, 2006, p. 439-461.

37. VINCENT DE BEAUVAIS, *Speculum maius*, Douai, 1624, réimp., Graz, 1964.

38. ISIDORE, II, 24, 16.

L'aspect gestionnaire et comptable est particulièrement présent dans un genre particulier de traités écrits dans l'espace anglo-normand au XIIIe siècle[39].

En revanche, une tradition plus soucieuse de théorie se développe, dans la mouvance d'Albert le Grand, chez Pietro de' Crescenzi et ses épigones italiens.

Lorsqu'il écrit vers 1260 le *De vegetabilibus*[40], Albert le Grand se trouve devant un modèle aristotélicien lacunaire, à savoir le *De plantis* pseudo-aristotélicien de Nicolas de Damas (IIe s.), fondé sur des notes du Lycée, puis traduit en syriaque, du syriaque en arabe, de l'arabe en latin par Alfred de Sareshel (Alfred l'Anglais). De même que dans le *De mineralibus* Albert va chercher des compléments chez les mineurs, les fondeurs et les alchimistes, il consulte ici herboristes et agronomes. Le livre VI est un gigantesque herbier alphabétique qui complète Avicenne par Platearius, le livre VII est un traité d'agriculture. Loin d'être une pure digression, il est consacré à la raison même des savoirs agricoles, l'interférence de l'homme avec la nature : comment la plante change son genre de vie, d'état en état quand de sauvage elle devient domestique ou jardinée, et de jardinée devient sauvage.

Albert réorganise sa source, à savoir Palladius, en fonction de ce propos. La question de la domestication des plantes ne présente pas seulement de l'intérêt pour celui qui veut connaître la nature, mais elle intéresse la vie privée et publique. Quoique la nature seule soit le principe des choses naturelles, cependant, parmi toutes ces choses dont les substances sont transmutables, elle est beaucoup aidée par l'art et la culture.

Quatre facteurs assurent la domestication, *cibus, aratio et fossio, seminatio, insitio*. La nourriture (*cibus*) est la fumure (*stercorizatio, laetamen*) dont il explique l'action par les quatre éléments. Le labour ou le bêchage (l'*aratio* ou *fossio*) réalise quatre utilités : l'ouverture de la terre (*terrae apertio*), son égalisation (*eiusdem adaequatio*), son mélange (*agri commistio*), son émiettement (*comminutio*). Il distingue les catégories de champs : *sativi* (semés), *consiti* (plantés), *compascui* (pâturés), *novales* (en friches) et décrit l'amélioration du sol pour qu'il devienne *sativus*. La *seminatio* est l'ensemencement. Quant à l'*insitio* ou greffe, Albert en étudie par ailleurs le mécanisme physiologique[41]. La description de la greffe amène un chapitre sur la culture de

39. *Walter of Henley and other treatises on estate management and accounting*, ed. Dorothea OSCHINSKY, Oxford, 1971.

40. ALBERT LE GRAND, *De vegetabilibus Libri VII*, ed. E. MEYER, L. C. JESSEN, Berlin, 1867.

41. ALBERT, *De vegetabilibus*, V, 1, 4, §33-37, p. 302-304 Meyer-Jessen.

l'*ager compascuus*, c'est-à-dire des prés, avec l'irrigation, la fenaison, la culture des graminées et la plantation des vergers. Le traité II du même livre décrit *de plantis in speciali, quae usibus hominum domesticantur*, à savoir les types de plantes qui poussent *in agro sativo*, c'est-à-dire dans les champs ensemencés et les jardins et *in agro consito*, à savoir les vergers et les vignes. Il l'explique par la théorie des éléments : parmi les êtres vivants, les plantes sont les plus proches des éléments, le travail de l'homme agit en changeant la qualité de la terre et de l'humidité, par quoi il change la nature de la plante. Toutes les plantes qui ne sont pas cultivées deviennent sauvages et changent de goût parce qu'elles changent d'aliment[42]. La plante change selon la diversité des lieux et des saisons de plantation et d'altération. Comme l'observe Jean-Louis Gaulin, Albert combine avec beaucoup d'habileté les techniques et les terroirs, classification qu'il reprend via Isidore à la tradition latine (*ager sativus, ager consitus, ager compascuus, prata, viridarium*). Plus généralement l'apport d'Albert est de s'interroger sur les principes théoriques de la croissance des végétaux.

Albert a fortement inspiré, pour sa partie théorique, le *Ruralium commodorum opus* (œuvre des avantages ruraux), composé entre 1304 et 1306 par un lettré de Bologne, Pietro de' Crescenzi[43]. Après avoir étudié à l'université la logique, la médecine, la philosophie naturelle et le droit, Pietro exerça des fonctions juridiques comme assesseur du podestat puis se retira dans son domaine, la Villa dell'Olmo où il écrivit son ouvrage.

Crescenzi se situe au confluent d'une tradition gestionnaire et de la tradition scientifique d'Albert. C'est en effet le livre VII de *De vegetabilibus* qui lui fournit son plan et ses principes théoriques de physiologie végétale dans le passage des plantes de l'état naturel à l'état cultivé.

Les *ruralia commoda* comptent douze livres : le livre I traite des airs, des vents, des lieux, de l'emplacement adéquat pour les cours et les maisons, des puits, des fontaines, des aqueducs, du rôle de l'intendant et du père de famille ; le livre II, tributaire d'Albert, décrit la nature des plantes et les choses communes à l'agriculture dans tous les terroirs ; le livre III traite des champs, et en particulier des céréales et des légumineuses ; le livre IV de la vigne ; le livre V des arbres fruitiers et non fruitiers, avec leurs usages médicinaux selon Avicenne et Isaac ; le livre VI traite des jardins et des vertus des herbes, tant cultivées que sauvages selon le médecin salernitain Matthaeus Platearius et la tradition latine des *Diaetae* d'Isaac Israéli ben Salomon ; le

42. ALBERT, *De vegetabilibus*, I, II, 6, §163, p. 79 Meyer et Jessen.

43. Piero DE' CRESCENZI, *Trattato dell'agricoltura*, Milan, 1805, 3 vols ; P. TOUBERT, art. « Crescenzi (pietro de') », *Dizionario Biografico degli Italiani*, XV, Rome, 1984, p. 649-657.

livre VII décrit les prés et les bois ; le VIII les jardins d'agrément ; le IX les animaux, y compris les abeilles et la basse-cour, avec des notions de médecine vétérinaire ; le livre X de la chasse ; le livre XI est une récapitulation des précédents sous forme de préceptes et le XII énumère les travaux des douze mois à la manière de Palladius.

Crescenzi a de vastes lectures, antiques et contemporaines. Ainsi, son livre IV, consacré au vin, exploite le *Liber vindemie* ou *Liber de vindemiis*, traduction faite entre 1136 et 1193 par Burgundio de Pise de la section des *Geoponica* relative aux vendanges et à la vinification. Les *Geoponica* sont un vaste traité byzantin d'économie rurale achevé sous Constantin VII Porphyrogénète (912-959). Les *Geoponica* se sont constituées par accrétions successives. Au IVᵉ-Vᵉ siècles de notre ère, Vindanios Anatolios de Beyrouth avait compilé en recueil les œuvres de neuf agronomes antérieurs. A la fin du VIᵉ ou du début du VIIᵉ siècle, Cassianus Bassus avait amalgamé son œuvre avec celle de Didyme d'Alexandrie (IVᵉ-Vᵉ siècles), lui-même compilation de sept auteurs. C'est cet ensemble qui fut mis en vingt livres au Xᵉ siècle par un auteur inconnu. Burgundio a traduit un texte du deuxième état. Crescenzi combine donc des éléments du VIIᵉ siècle et des éléments de son époque. Comme l'observe finement Jean-Louis Gaulin[44] « Aux techniques qu'il voyait pratiquer, Crescenzi a jugé nécessaire d'adjoindre certains conseils trouvés dans les livres. Il y a moins juxtaposition des textes et dualité des techniques que rencontres et fusion, collection de réponses variées à un même problème. La section vinicole du *Liber ruralium commodorum* doit donc être comprise comme un tout, à condition de ne pas perdre de vue les diverses strates qui la composent ».

Crescenzi ne néglige jamais de se référer à la philosophie naturelle. Ainsi, il applique à la mutation du vin en vinaigre un schéma d'explication humoral : le chaud et humide du vin font place au froid et au sec, propriétés du vinaigre.

Le succès de l'œuvre fut considérable. Le texte fut souvent copié. En Italie, Crescenzi inspira la *Divina Villa* (1410) du propriétaire pérugin Corniolo della Cornia[45]. En France, Charles V le fit traduire en 1373 sous le titre *Livre des prouffits champestres et ruraux*. La version française de Crescenzi, aussi intitulée le *Rustican*, le *Bon mesnage*, connut quinze éditions de 1486 à 1540. Comme pour les autres savoirs techniques, c'est l'imprimerie qui donnera

44. J. L. GAULIN, « Sur le vin au Moyen-Age. Pietro de' Crescenzi, lecteur et utilisateur des Géoponiques traduites par Burgundio de Pise », dans *Mélanges de l'École Française de Rome, Moyen Âge, Temps modernes*, 96 (1984) 1, p. 95-127.

45. *La Divina Villa di Corniolo della Cornia. Lezioni di agricoltura tra XIV e XV secolo*, ed. Lucia BONELLI CONENNA, Sienne, Academia delle Scienze di Siena, 1982.

une impulsion décisive à l'organisation et à la diffusion des savoirs agricoles. Les éditions et les traductions de Crescenzi en langue vulgaire se développeront avec celles de Palladius, de Columelle et des *Geoponica*.

Architectes et ingénieurs

Le mot *architectus*, emprunté au grec, désigne à l'origine le maître-charpentier (*archi-tektôn*). Son savoir présente la singularité d'être conjointement théorique et pratique, de prendre son bien à la fois chez les philosophes et les artisans. Il se constitue en *ars* dès l'Antiquité. Vitruve (fin au Ier s. av. J.-C.) décrit un programme de formation que des générations d'ingénieurs-architectes s'efforceront tant bien que mal de réaliser[46]. « L'architecture est une science qui doit être accompagnée d'une grande diversité d'études et de connaissances (...) Cette science s'acquiert par la pratique et la théorie (...) Cela fait que les architectes qui ont essayé de parvenir à la perfection de leur art sans le secours des lettres,et par le seul exercice de leur main, ne s'y sont guère avancés, quelque grand qu'ait été leur travail, non plus que ceux qui ont cru que la seule connaissance des lettres et le seul raisonnement les y pouvaient conduire : car ils n'en ont jamais vu que l'ombre (...) C'est pourquoi il est nécessaire que l'architecte connaisse l'une et l'autre parfaitement. Ainsi, il faut qu'il soit ingénieux et laborieux tout ensemble : car l'esprit sans le travail ni le travail sans l'esprit, ne rendent jamais aucun ouvrier parfait (...) Il doit donc être lettré, savoir dessiner, être instruit dans la géométrie, et n'être point ignorant de l'optique : avoir appris l'arithmétique et s'être nourri de la lecture de l'histoire, avoir étudié avec soin la philosophie, connaître la musique, et avoir quelque teinture de la médecine, de la jurisprudence, de l'astrologie et du mouvement des astres ». Dans la suite, Vitruve précise que la philosophie comprend, outre la déontologie générale, la physique de l'eau et de l'air et que la musique est utile pour régler au son la tension des ressorts des catapultes.

Vitruve ne fut pas oublié dans le haut Moyen Âge[47]. Paradoxalement, il fut d'abord utilisé pour les informations qu'il livre sur les arts libéraux, mais Carol Heitz a retrouvé l'empreinte de Vitruve dans l'architecture carolingienne et romane. De même, John Conant a démontré l'influence de Vitruve

46. VITRUVE, *De architectura*, I, 1. *Architecti est scientia pluribus disciplinis et variis eruditionibus ornata*, voir la préface de P. FLEURY, *Vitruve. De l'architecture. Livre I. Texte établi, traduit et commenté*, Paris, Les Belles Lettres, 1990.

47. H. PLOMMER, *Vitruvius and Later Roman Building Manuals*, New York, London, Cambridge UP, 1973 ; S. SCHULER, *Vitruvius im Mittelalter. Die Rezeption von " De architectura " von den Antike bis in die Frühe Neuzeit*, Köln, Weimar, 1990.

dans Cluny III, la plus grande église de la chrétienté construite à partir du 30 septembre 1088 par Hézelon de Liège. Au cours de sa tradition manuscrite, le texte de Vitruve s'est grossi de matériaux techniques extrêmement divers, notamment d'un recueil de recettes pour les arts et métiers dont l'influence fut prodigieuse au Moyen Âge, à savoir l'ensemble constitué par la *Mappae clavicula* et les *Compositions de Lucques*.

Dans sa volonté de légitimer un art mécanique, Vitruve a inspiré la *Diversarum artium schedula* (description abrégée des divers arts) d'un mystérieux Theophilus presbyter[48]. Construit sur le modèle d'un traité d'*artes* et non d'un recueil de recettes, il décrit dans un latin élégant le travail du verrier, du peintre et de l'orfèvre. Sa précision technique révèle le praticien. L'ouvrage que l'on date des années 1125-1130 ne peut se concevoir hors du contexte bénédictin. La mention *Theophilus qui et Rugerus* du plus ancien manuscrit et le style des œuvres d'art décrites ont depuis longtemps suggéré l'identification avec le moine-orfèvre Roger de Helmarshausen, une petite abbaye de Basse-Saxe dans le diocèse de Paderborn. Eckhard Freise a pu retracer sa carrière[49]. Roger aurait fait profession à l'abbaye de Stavelot, aurait séjourné à Saint-Pantaléon de Cologne, pour s'établir finalement à Helmarshausen. La *Schedula* est un plaidoyer fervent pour la pratique monastique du travail manuel, mettant en œuvre les sept dons du Saint Esprit. John van Engen[50] a bien reconnu dans les préfaces théologiques des trois livres l'influence de Dom Rupert, maître de Saint-Laurent de Liège, qui deviendra abbé de Deutz près de Cologne. Enfin, la *Schedula*, qui défend le luxe de l'art sacré, semble répondre à l'*Apologie* de Bernard de Clairvaux et aux critiques du luxe des églises formulées par des ordres austères.

Mais le livre X de Vitruve traite de la construction de diverses machines. Cette association de l'architecture et de la construction des engins[51] se maintient depuis les Alexandrins jusqu'à Léonard de Vinci. Les ingénieurs d'Alexandrie, Ctésibios (vers 270 av. J.-C.), Philon (vers 250 av. J.-C.), Héron (vers 60 ap. J.-C.) ont un large spectre d'activités dont témoignent les titres de leurs œuvres : en temps de guerre, les stratagèmes (*strategemata*), la

48. Éditions C. R. DODWELL, *Theophilus. De diversis artibus*, London, 1961 ; J. G. HAWTHORNE, C. S. SMITH, *On diverse Arts. The Treatise of Theophilus*, Chicago UP, 1963 ; W. THEOBALD, *Technik des Kunsthandwerks im Zwölften Jahrhundert*, 2e éd. par W. VON STROMER, Düsseldorf, VDI Verlag, 1984.

49. E. FREISE, « Roger von Helmarshausen in seiner monastischen Umwelt », dans *Frühmittelalterliche Studien, Jahrbuch des Institutes fur Frühmittelalter-Forschung der Universität Münster*, 15 (1981), p. 80-293.

50. J. VAN ENGEN, « Theophilus presbyter and Rupert of Deutz : the manual arts and Benedictine theology in the early twelfth century », dans *Viator*, 11 (1981), p. 147-163.

51. AMMIEN MARCELLIN, XXIV, 428.

construction des places fortes (*paraskeuastika*), le siège des villes (*poliorketika*) et les engins de jet (*belopoiika*). En temps de paix, la mesure et la géodésie (*metrika*), les engins de levage (*baroulkos*), les pompes et les machines à air (*pneumatika*), les automates (*automatopoietika*)[52]. Cette ingénierie civile et militaire se poursuit à Byzance et passe aux Arabes[53].

Chez les Latins, le mot *ingeniator* apparaît pour la première fois en 1086 dans le *Domesday Book* (livre du jugement dernier)[54]. C'est un constructeur d'engins de guerre, *ingenia*. Le mot ancien *ingenium* lui-même, d'où on a tiré « génie » et « engin » est l'équivalent du grec mêkhanè (*machina*) qui désigne toute espèce d'invention astucieuse, œuvre de cette intelligence rusée que les Grecs appelaient *mêtis*[55]. L'ancien français conservera longtemps cette acception.

Pour l'Occident du haut Moyen Âge, les informations sont difficiles à interpréter et le rapport des textes et de la pratique fait l'objet d'interprétations divergentes.

Dans les bibliothèques du haut Moyen Âge, on trouve des écrivains militaires latins, Frontin et Végèce. Sextus Julius Frontinus fut préteur en 70, consul en 72 ou 73, gouverneur de Bretagne en 73-77, superintendant des aqueducs sous Nerva en 97, et mourut vers 103-104. Son recueil de *Stratagèmes* ou ruses de guerre est d'abord un recueil de récits historiques. Quant à Flavius Vegetius Renatus, il écrivit un *Epitome rei militaris* en quatre livres entre 383 et 450. Il n'est ni soldat, ni historien mais haut fonctionnaire de l'administration impériale. Son traité constitue un témoignage important sur la pratique militaire romaine, à cette réserve près qu'il rassemble ses matériaux sans établir de distinction chronologique et qu'il ignore les progrès accomplis sous Dioclétien et Constantin Ier. On le trouve dans pas mal de bibliothèques monastiques, et Rathier de Vérone en recommande la lecture.

Moins connu, mais important pour la transmission du savoir mécanique grec au Moyen Âge, le *De rebus bellicis* fut écrit entre 337 et 378, probablement entre 366 et 375, sous Valentinien et Valens, par un notable local de

52. Sur ces auteurs, voir A. G. DRACHMANN, *Ktesibios, Philon and Heron. A Study in Ancient Pneumatics*, Copenhague, 1948 (*Acta historica scientiarum naturalium et medicinalium*, IV) ; B. GILLE, *Les mécaniciens grecs. La naissance de la technologie*, Paris, Seuil, 1980.

53. D. R. HILL, *The Book of Ingenious Devices by the Banū (sons of) Mūsā bin Shāqir*, Dordrecht-Boston, Reidel, 1979 ; *The Book of Knowledge of Ingenious Mechanical Devices by Ibn al-Razzāz al-Jazarī*, Dordrecht-Boston, Reidel, 1974 ; *A History of Engineering in Classical and Medieval Times*, London, New York, Routledge, 1996.

54. Waldivus ingeniator, *Domesday Book*, I, 365 b, *cf.* R. C. LATHAM, *Revised Medieval Latin World List from British and Irish Sources*, London, 1965 s.v.

55. M. DETIENNE, J.-P. VERNANT, *Les ruses de l'intelligence : la Mélis chez les Grecs*, Paris, Flammarion, 1974.

l'Est de l'Empire[56]. Face à la crise de l'Empire, il formule des suggestions pour réformer l'administration et les finances et pour moderniser l'armée en la mécanisant. Ainsi, la *liburne* est un bateau mû par une roue à aubes qu'actionnent des bœufs tournant un cabestan ; l'*ascogefyrus* est un pont transportable reposant sur des outres.

L'art de l'ingénieur-architecte connaît au XIIe siècle de grandes mutations. C'est entre 1135 et 1190 que débute le style gothique ; les grandes cathédrales se construisent entre 1190 et 1230 ; le gothique courtois rayonnant s'épanouit entre 1230 et 1380. Outre la connaissance des masses et des forces en maçonnerie, elle requiert une maîtrise consommée des engins de levage et des échafaudages. Dans l'art de la guerre, l'artillerie névroballistique des anciens est détrônée au XIIe siècle par les puissants engins à bascule : mangonneaux, bricoles, pierrières, trébuchets.

Nous connaissons mal ces hommes et les influences qui ont nourri leur réflexion, en particulier la tradition gréco-arabe. Des fragments de Philon d'Alexandrie ont été traduits de l'arabe en latin, sous le titre de *Liber Philonis de ingeniis spiritualibus* et *de conductibus aquarum*. Il existe à la fin de la *Mappae clavicula* dans sa version Phillipps Corning, interpolée de l'arabe, un texte énigmatique que nous avons interprété comme les légendes de figures d'automates perdues[57]. En revanche, on ne sait s'il y eut influence des grands mécaniciens arabes.

Pour appréhender la pratique et le mode de réflexion des *ingeniatores* face à l'innovation, on dispose d'un document, le carnet de Villard de Honnecourt. Le manuscrit français 19.093 de la Bibliothèque Nationale de Paris est le carnet ou portfolio (improprement appelé album) de Villard de Honnecourt composé vers 1225-1235 et enrichi peu après par l'anonyme magister II[58]. Le gros du recueil consiste en modèles d'architecture ou de sculpture, mais l'architecture n'est pas isolée d'un ensemble d'autres techniques. Il y a des dessins et des textes sur la géodésie et le mesurage et sur la construction des engins de levage, des machines de guerre et des automates.

Pour les quelque deux siècles qui s'écoulent entre Villard de Honnecourt et Léonard de Vinci, on a conservé près de cent cinquante manuscrits illustrés qui sont autant de « portefeuilles de machines ». Leurs auteurs sont des ingé-

56. Ed. E. A. THOMPSON, *A Roman Reformer and Inventor. Being a new text of the Treatise De Rebus Bellicis*, Oxford, Clarendon, 1952.

57. R. HALLEUX, A.-C. BERNES, « Formules d'architectes dans les réceptaires et les manuscrits d'arpentage de l'Antiquité et du haut Moyen Âge », dans P. RADELET-DE GRAVE et E. BENVENUTO, *Entre mécanique et architecture. Between Mechanics and Architecture*, Basel-Boston-Berlin, Birkhaüser, 1995, p. 48-66, 94.

58. Édition critique de Hans R. HAHNLOSER, *Villard de Honnecourt. Kritische Gesamtausgabe des Bauhüttenbuches ms. fr. 19093 der Pariser Nationalbibliothek*, 2e éd. Graz, 1972.

nieurs-architectes, voire des médecins, qui ont travaillé en France comme Guy de Vigevano (fin XIVe siècle), en Allemagne, comme Conrad Kyeser (né en 1366), mais surtout en Italie comme Mariano di Jacopo dit Taccola (1381-1458 ?), Robert Valturio (né en 1413), Francesco di Giorgio Martini (1439-1501), Leone Baptista Alberti (1404-1472), ou Filippo Brunelleschi (1377-1446).

En 1335, Guido de Vigevano, médecin de Philippe VI de Valois, lui dédia un *Texaurus*[59] « Trésor du roi de France de l'acquisition de la terre sainte d'Outre-mer, et de la santé de son corps et de la prolongation de sa vie et même avec les moyens de se garder du poison ». C'est en fait un projet de croisade comme il s'en multipliait depuis la chute de Saint Jean d'Acre en 1291. La première partie est un régime médical, la seconde est militaire. Pour remédier à la pénurie de bois en Terre Sainte, on construira des machines démontables et transportables à dos de cheval : ponts amovibles, bateaux actionnés par vilebrequins et roues à aubes, bouées gonflables pour hommes et chevaux, chars d'assaut couverts mus par des hommes ou par un moulin à vent ; échelles d'assaut ; tours roulantes démontables, etc. L'influence du vieux *De rebus bellicis* est claire, et il est tout aussi clair que beaucoup de machines ne peuvent fonctionner. Mais ce qui frappe chez Guido, c'est l'attention prêtée au détail de la construction et du fonctionnement. De nombreux mots vernaculaires montrent que l'information est tirée des ateliers.

Médecin lui aussi, Conrad Kyeser d'Eichstätt[60] (1366-après 1405) dédie vers 1402 à Wenzel IV de Bohême un *Bellifortis* en hexamètres latins où il traite non seulement des machines de guerre, mais aussi d'hydraulique, d'astrologie, de magie, de techniques domestiques. On en connaît une vingtaine de copies, complètes ou partielles, illustrées par des artistes en renom. On y observe le même mélange d'ancien et de nouveau, et des machines à l'antique voisinent avec l'invention nouvelle de l'artillerie. Ainsi, l'œuvre de Kyeser se complète souvent du *Feuerwerkbuch*, traité sur la poudre à canon et la canonnerie. Il faudrait une étude particulière pour montrer comment la canonnerie, art mécanique, finit par mettre en cause les conceptions aristotéliciennes de la dynamique. A la génération suivante[61], l'Anonyme de la Guerre Hussite contient des éléments de technologie civile, comme les moulins, et reflète l'état de la technologie vers 1430.

59. A. R. HALL, « Guido's *Texaurus* 1335 », dans *Science and Society. Historical Essays on the Relations of Science, Technology and Medicine*, Variorum, 1994, VIII.

60. Conrad KYESER AUS EICHSTÄTT, *Bellifortis. Umschrift und Übersetzung von Götz QUARG*, 2 vols, Dusseldorf, VDI Verlag, 1967 ; *Bayerische Staatsbibliothek Konrad Kyeser Bellifortis CLM 30150*, München, 2000 (*Kulturstiftung der Länder Patrimonia*, 137).

61. B. S. HALL, *The technological illustrations of the so-called « Anonymous of the Hussite Wars. Codex Latinus Monacensis 197 »*, Wiesbaden, 1979.

La tradition iconographique de Kyeser a interpolé le *De re militari* de Végèce, qui est très lu et très copié, malgré le décalage entre l'armée romaine de fantassins et l'armée médiévale de cavaliers. Les éditions imprimées de Végèce ont souvent des bois gravés qui représentent des machines du XVe siècle, réelles ou imaginaires, notamment des canons.

Une autre tradition s'amorce en Italie avec le *De rebus militaribus* de Mariano di Jacopo, dit Taccola (1381-1453)[62] et avec Giovanni Fontana (1395-1455). Médecin, Fontana est un polygraphe technique[63] qui écrit sur la clepsydre (1410), l'horloge à poudre (1418), le miroir ardent (BN lat. 9335), les instruments d'arpentage (1440), les labyrinthes, les fontaines et les aqueducs, la sphère solide. Son *Bellicorum instrumentorum liber cum figuris et fictitiis litteris conscriptus* (München cod. iconogr. 242) en écriture cryptographique, est un brouillon illustré d'esquisses à la plume, datant des environs de 1420. Très érudit, il connaît Philon, Héron et certains textes arabes.

Avec Fontana, ingénieur humaniste, on se trouve à l'origine d'une tradition qui appartient à la Renaissance italienne, celle de l'artiste-ingénieur. Les profils sont analogues : ce sont des consultants internationaux en technologie qui vont de cour en cour, de chantier en chantier. Leurs incessants voyages en font les vecteurs privilégiés de transferts de technologie. L'âpre concurrence qu'ils se livrent dans la chasse aux contrats les contraint de faire assaut d'inventivité. Du reste, les prestigieux manuscrits qu'ils élaborent pour les princes ont quelque chose du catalogue de fabricant. Ils n'hésitent pas à proposer des machines simplement hypothétiques, tel le mouvement perpétuel, sans tenir compte des contraintes techniques qui les rendent irréalisables. Des machines très anciennes complètement obsolètes, comme le char à faux, voisinent avec les premiers essais d'artillerie à répétition. Leurs préférences sont celles de leurs commanditaires : machines de guerre, hydraulique (canalisation, digues, rectification des cours de fleuves, écluses), aménagement des villes, fontaines et automates de plaisance. En fait, leur capacité d'innovation marginale est relativement réduite : ils innovent à l'intérieur d'un système dont ils combinent inlassablement les éléments. C'est ce qui les distingue de Léonard, même si celui-ci est, sociologiquement et intellectuellement, de leur lignée et de leur corporation[64]. Seule la comparaison entre Léonard et le

62. Mariano TACCOLA, *De rebus militaribus (De machinis*, 1449), ed. E. KNOBLOCH, Baden-Baden, 1984 (*Saecula Spiritalia*, 11).

63. Eugenio BATTISTI, Giuseppa SACCARO BATTISTI, *Le macchine cifrate di Giovanni Fontana*, Milano, 1984.

64. Sur cette tradition, voir Bertrand GILLE, *Les ingénieurs de la Renaissance*, Paris, 1964 ; Paolo GALLUZZI, *Les ingénieurs de la Renaissance. De Brunelleschi à Léonard de Vinci*, Florence-Paris, 1995.

monde des ingénieurs peut lever le dilemme entre le génial autodidacte et le Léonard lettré proposé par Duhem[65].

A preuve, le curriculum vitae qu'il adresse en 1482 à Ludovic le More, duc de Milan, à l'appui d'une offre de services : « Très illustre Seigneur, j'ai maintenant vu et bien examiné ce dont sont capables ceux qui se donnent pour spécialistes des machines de guerre ; le principe et le fonctionnement de celles-ci ne diffèrent en rien de l'usage courant. Aussi tenterai-je, sans porter tort à personne, de m'adresser à Votre Excellence pour lui découvrir mes secrets, et lui proposer de réaliser, au moment qu'il lui plaira le mieux, tout ce qui va être brièvement énuméré ci-dessous : Je connais un modèle de ponts très légers et solides, faciles à transporter, pour poursuivre ou inversement fuir les ennemis, d'autres dont la solidité résiste au feu et au combat, faciles et commodes à enlever et poser avec les moyens de brûler et détruire ceux de l'ennemi. Je sais, pour le siège d'une place, vider l'eau des fossés, construire une infinité de ponts, béliers, échelles et autres machines relatives à l'opération. *Item*, si la hauteur des remparts ou la force de la position rendent impossible au cours du siège d'une place le bombardement, je possède les moyens de détruire tout fort ou forteresse, pourvu qu'ils ne soient pas fondés sur le roc. Je possède aussi des types de mortiers très commodes, faciles à transporter, qui envoient comme un orage de petites pierres, et causent par leur fumée une grande terreur à l'ennemi à son grand dam et confusion. (...) *Item*, je possède des moyens d'atteindre par des mines et des souterrains cachés et tortueux, sans nul bruit, un endroit déterminé, même s'il fallait passer sous des fossés ou une rivière. *Item*, je fabriquerai des chars ouverts, sûrs et inattaquables, qui entreront dans les lignes ennemies avec leur artillerie et enfonceront toute formation de troupes, si nombreuse soit-elle. L'infanterie pourra suivre, sans pertes et sans obstacles. *Item*. En cas de besoin, je fabriquerai des canons, des mortiers, des pièces légères de formes très belles et très pratiques, d'un type peu commun. Là où le bombardement n'irait pas, j'inventerai des catapultes, mangonneaux, trébuchets et autres machines d'une efficacité merveilleuse, mais peu employées. Bref, en réponse aux cas les plus divers, j'inventerai une infinité d'engins variés d'attaque et de défense. En temps de paix, je crois pouvoir donner toute satisfaction, à l'égal de quiconque, en architecture, en construction d'édifices publics et privés, en adduction d'eau. *Item*, je puis exécuter en sculpture, marbre, bronze ou terre, ou aussi bien, en peinture, des ouvrages à l'égal de qui que ce soit. En outre, pourra être entrepris le cheval de bronze qui sera la gloire immortelle et l'éternel honneur du prince votre père, d'heureuse mémoire, et de l'illustre maison de Sforza. Et

65. Pierre DUHEM, *Études sur Léonard de Vinci. Ceux qu'il a lus et ceux qui l'ont lu*, Paris, 1906-1913, réimp. 1955.

si l'un des points du programme énuméré paraissait à d'aucuns impossible et irréalisable, je me déclare prêt à en faire l'essai dans votre parc ou en tout lieu qu'il plaira à votre Excellence à qui je me recommande en toute humilié »[66].

On ne peut donc séparer Léonard de Vinci (1453-1519) de ses devanciers et de ses contemporains, pas plus qu'on ne peut l'y assimiler. Comme eux, il privilégie les machines de guerre et l'hydraulique. Cependant, il accorde une attention particulière à la mécanisation des processus de production avec les machines à filer, à tondre les draps, à battre monnaie, à tailler les limes, à fileter les vis, encore que l'on ne puisse pas toujours déterminer s'il les a conçues ou simplement observées. Comme ses devanciers, il maîtrise les trains d'engrenages et les chaînes cinématiques complexes. Enfin, il partage leur confiance dans les capacités infinies de la technique.

La tradition des ingénieurs se prolonge tout au long du XVIe et du XVIIe siècle sans véritable rupture. Les *Théâtres de machines* de Besson[67], Ramelli[68], Errard[69], Branca[70], Zonca[71], Salomon de Caus[72] sont des recueils de planches commentées qui combinent inlassablement des mécanismes déjà connus. La seule nouveauté est la proportion croissante de machines industrielles. Ainsi, Jean Errard de Bar-le-Duc décrit le laminoir, la fenderie et la transmission du mouvement alternatif par des tringles et des varlets. Il en va de même pour Jacopo da Strada de Rosberg, marchand d'art et ingénieur de Rodolphe II, dont le théâtre de machines fut publié en 1617 par son petit-fils Ottavio[73]. Ce sont essentiellement des moulins et des pompes inspirés d'Agricola et de Francesco di Georgio Martini.

66. Traduction André CHASTEL, *Léonard de Vinci par lui-même*, Paris, Nagel, 1952, p. 66-68.

67. Jacques BESSON, *Theatrum instrumentorum et machinarum*, Orléans, 1569, retirage Lyon 1578. Voir D. HILLARD, « Jacques Besson et son théâtre des Instruments Mathématiques », dans *Revue Française d'Histoire du Livre*, 48 (1979), p. 5-38.

68. Agostino RAMELLI, *Le Diverse e Artificiose Machine*, Paris, 1588. Voir M. T. GNUDI, *The various and ingenious Machines of Agostino Ramelli*, London, 1976.

69. Jean ERRARD, *Le premier livre des Instrumens mathematiques mechaniques*, Nancy, 1584, reproduction en fac-similé avec une introduction de A. FRANCE-LANORD, Paris, Berger-Levrault, 1979. Voir M. LALLEMAND, A. BOINETTE, *Jean Errard de Bar-le-Duc, premier ingénieur du très chrestien Roy de France et de Navarre. Sa vie, son œuvre, sa fortification*, Paris-Bar-le-Duc, 1884.

70. Giovanni BRANCA, *Le machine. Volume nuovo et di molto artificio da fare effetti maravigliosi tanto spiritali quanto di Animale operatione arichito di bellissime figure con le dichiarationi a ciascuna di esse in lingua volgare et latina*, Rome, 1629.

71. Vittorio ZONCA, *Novo teatro di Machine et edificii per varie e sicure operationi con le loro figure tagliate in Rame*, Padoue, 1607.

72. Christina Sandrina MAKS, *Salomon de Caus, 1576-1636*, Paris-Amsterdam, 1935 (thèse de Leiden).

73. Luisa DOLZA, « Jacopo Strada : Collezionismo e macchine tra Riforma e Controriforma », dans *Mélanges de l'École Française de Rome*, 114, 2, p.493-512.

La naissance du capitalisme moderne et la codification des savoirs aléatoires

Si la technique forme, jusqu'au XVIIIe siècle, un *continuum*, des changements de système économique ont eu de vastes répercussions dans l'organisation du travail et du savoir. La naissance du capitalisme industriel au XVIe siècle entraîne un changement d'échelle, l'intervention des princes dans les opérations industrielles, une standardisation des procédés, la nécessité d'une information et d'une formation appropriées, et donc la codification des savoirs artisanaux dans des ouvrages systématiques. Les promoteurs des nouvelles activités industrielles doivent persuader les détenteurs du capital qu'ils peuvent en retirer des profits plus considérables, mais tout aussi sûrs que de l'exploitation de leurs propriétés foncières. Typique est, à cet égard, le cas des traités de métallurgie.

Si les règlements miniers furent très tôt mis par écrit, la mise en ordre du savoir technique proprement dit se fait au XVIe siècle dans de nombreux ouvrages[74]. A côté des grands noms, Vannoccio Biringuccio, Georg Agricola, Lazare Ercker, il faut citer tous les *Berg-* et *Probierbücher* anonymes, sans compter les traductions. La diffusion de cette littérature correspond à une certaine conjoncture économique, le boom minier d'Europe Centrale et d'Amérique, avec, en corollaire, une volonté de propagande et un souci de rationalisation. Pour stimuler les investissements miniers et métallurgiques, il convenait de défendre les mineurs, d'une part, contre la tradition agraire qui privilégie les profits réguliers de la terre au détriment des investissements industriels plus hasardeux et, d'autre part contre la morale antique et humaniste qui voit dans la recherche des métaux le produit de la *cupiditas*. Le problème est clairement posé dans le *Judicium Jovis* de l'humaniste saxon

74. Dans l'ordre chonologique, vers 1500, Rülein von Calw, *Bergbüchlein* ; vers 1518, *Probierbüchlein* (plusieurs éditions) ; 1524, Peder MANSSON, *Bergmannskunst* ; 1530, AGRICOLA, *Bermannus* ; 1540, BIRINGUCCIO, *Pirotechnia* ; 1546, AGRICOLA, *De veteribus et novis metallis* ; 1556, AGRICOLA, *De re metallica* ; 1556, ERCKER *Kleines Probierbuch* ; 1556, tr. fr. de BIRINGUCCIO par VINCENT ; 1556, *Codex Ettenhart* (ms. Innsbruck, 4312) ; 1557, Christoph ENCELIUS, *De re metallica* ; 1558, Mathias ENDERLEIN, *Von des Bergwerks Substanz* ; 1561, 2e éd. du *De re metallica* d'AGRICOLA ; 1562, MATHESIUS, *Sarepta oder Bergpostilla* ; 1565, Johannes KENTMANN, *Nomenclaturae rerum fossilium* ; 1569, Ciriacus SCHREITMANN, *Probirbuch* ; 1569, Perez DE VARGAS, *De re metallica* ; 1573, Samuel ZIMMERMANN, *Probirbuch* ; vers 1570, Martin STURZ, *Speculum metallorum* (ms.) ; 1574, Lazare ERCKER, *Beschreibung allerfürnemisten mineralischen Ertz und Bergwercksarten* ; 1579, ms. d'Abraham SCHNITZER ; 1593, Modestin FACHS, *Probirbuch* ; 1596, André CESALPIN, *De metallicis* ; 1618, Elias MONTANUS, *Bergwercksschatz* ; 1640, Alvaro Alonso BARBA, *Arte de los metales*, etc. Sur cette littérature, voir E. DARMSTAEDTER, *Berg-Probir- und Künstbüchlein*, Munich, 1926.

Paulus Niavis (Schneevogel) (1523)[75]. Les dieux des enfers, des eaux, de la nature, du ciel viennent se plaindre du mineur qui trouble leur séjour par ses galeries, ses puits, ses déchets et ses fumées. Le mineur défend son utilité sociale. Jupiter renvoie les parties dos à dos au jugement de la Fortune.

Les premiers ouvrages de l'humaniste saxon Georg Agricola, médecin dans la région minière de l'Erzgebirge, sont ainsi des plaidoyers pour les mines. C'est le cas de la première partie du *Bermannus* (1530), dialogue entre Bermannus (Bergmann), mineur lettré, et deux tenants de la tradition classique, Naevius et Ancon, ou encore du *De veteribus et novis metallis* (Des mines anciennes et nouvelles) (1546)[76], consacré à énumérer les hommes et les nations que les mines ont enrichis. C'est, semble-t-il, à la suite des railleries de Heinrich Cornelius Agrippa dans son *De incertitudine et vanitate scientiarum* (1531)[77] qu'Agricola revient sur le sujet, dans le premier livre du *De re metallica* (1556)[78]. Le livre s'ouvre par cette phrase : « Beaucoup ont cette opinion que l'art des mines est quelque chose de fortuit et de sale, et tout à fait une activité telle qu'elle a moins besoin d'art que de labeur. Mais à moi, quand je parcours dans l'esprit et la pensée ses parties une à une, la chose me paraît se présenter bien autrement ».

Dans la dédicace aux ducs Maurice et Auguste de Saxe, il explique que les profits des mines valent bien ceux de l'agriculture et que les dangers ne sont pas bien grands. Les usines sont utiles aussi au reste des hommes, car les métaux sont indispensables à la vie. Les mines se trouvent toujours dans des régions stériles. Loin d'être esclaves de la *cupiditas*, les mineurs sont d'honnêtes gens et de bons soldats. De même que des seigneurs et des grands hommes ont cultivé leurs champs, il ne serait pas déshonorant qu'ils investissent dans les mines. Quant à la tradition philosophique du mépris de l'or, Agricola s'en débarrasse par la notion stoïcienne d'« indifférents » et la notion péripatéticienne de « choses extérieures ». Le tout est d'en bien user.

Mais pour attirer les capitaux, il convenait de démontrer que les profits miniers et métallurgiques ne sont pas le fruit du hasard (*fortuita*), mais d'un art aussi bien raisonné que l'agriculture. Le premier ouvrage sur les gîtes métallifères, le *Bergbüchlein* (vers 1500) de Rülein von Calw[79] a précisément

75. W. KRENKEL, *Paulus Niavis, oder das Gericht der Götter über den Bergbau*, Berlin, 1953 (*Freiberger Forschungshefte* D3).

76. R. HALLEUX, A. YANS, *Georg Agricola, Bermannus. Un dialogue sur les mines*, Édition critique avec une introduction et des notes, Paris, Les Belles Lettres, 1990.

77. H. WILSDORF, « Georgius Agricola und Henricus Cornelius Agrippa von Nettesheim », dans *Bergakademie*, 7 (1955), 569-575.

78. Georg AGRICOLA, *De re metallica*, Bâle, 1556, livre I, spéc. p. 15 et 17.

79. W. PIEPER, *Ulrich Rülein von Calw und sein Bergbüchlein. Mit Urtext Faksimile und Übertragung der Bergbüchleins von etwa 1500 und Faksimile der Pestschrift von 1521*, Berlin, 1955 (*Freiberger Forschungshefte, Kultur und Technik* D7).

ce but. Sous la forme d'un dialogue entre Daniel, vieux mineur expérimenté, et son apprenti Knappius, Rülein s'efforce d'accorder une connaissance empirique des filons avec une théorie métallogénique aristotélicienne et alchimique, qui est celle d'Albert le Grand. Même écho dans le *Bermannus* d'Agricola, où Bermannus, le mineur humaniste, explique aux savants Naevius et Ancon que les mineurs ont des *indicia* pour trouver des filons, et qu'ils ne sont pas réduits aux hasard ou à la baguette de sourcier. De même, le livre I de Biringuccio, sur la découverte des filons, expose que la prospection et l'essai sur échantillons rendent la métallurgie moins aléatoire[80]. En calquant la préface de Vitruve, Agricola entend donner à l'art métallique la structure pédagogique d'un art libéral. Comme l'architecte de Vitruve, le mineur doit maîtriser tous les arts libéraux, le droit, la médecine et la philosophie. Pour vaincre le hasard, il doit savoir d'abord quel site vaut d'être creusé et lequel refuse la fouille ; ensuite connaître les fibres, les veines, les jointures des pierres ; ensuite pouvoir identifier toutes les espèces de terres, sucs, gemmes, pierres, marbres, roches, métaux, substances mixtes ; enfin, maîtriser les techniques d'essai qui évaluent la teneur d'un échantillon réduit avant d'entreprendre l'exploitation à grande échelle. Ainsi structuré en prospection, gîtologie, minéralogie, docimasie, le métier cesse d'être aléatoire. Il se standardise et peut s'enseigner. Le *De re metallica* s'efforce de hisser « l'art métallique » au rang de science puisqu'il a besoin de philosophie naturelle (métallogénie), de médecine (maladies des mineurs), d'astronomie (géodésie), de géométrie (bornage et arpentage), d'arithmétique (comptabilité), d'architecture (construction des machines), de dessin (dessin industriel), de droit enfin. Ce n'est pas sans raison qu'Agricola se compare aux agronomes latins, et qu'il emploie le latin, langue universelle, et la *ratio docendi* humaniste. Marie-Claude Déprez-Masson a bien étudié la méthode pédagogique d'Agricola, fondée sur la combinaison du texte et de l'image[81] : standardisation du vocabulaire et création d'une terminologie, standardisation des figures avec présentation des pièces détachées désignées par des lettres, d'après les croquis pris par l'auteur. C'est pourquoi l'influence d'Agricola fut considérable non seulement sur les métallurgistes, mais aussi sur les chimistes théoriciens des XVIIe et XVIIIe siècles[82].

80. Vannoccio BIRINGUCCIO, *De la pirotechnia libri x*, Venise, 1540. Trad. C. S. SMITH, M. T. GNUDI, *The Pirotechnia of Vannoccio Biringuccio, translated from the Italian with an Introduction and Notes*, Cambridge, MIT Press, 1966 (1942), p. 13-25.

81. Marie-Claude DEPREZ-MASSON, *Technique, mot et image. Le* De re Metallica *d'Agricola*, Turnhout, Brepols, 2006.

82. M. BERETTA, « Humanism and chemistry : the spread of Georgius Agricola's metallurgical writings », dans *Nuncius*, XII (1997), p. 17-66.

La même évolution s'observe dans les connaissances chimiques. Si l'alchimie transmutatoire est largement pratiquée au XVIe siècle, on voit se constituer parallèlement, et souvent conjointement, une véritable industrie chimique, acides minéraux, pigments et colorants, matières explosives, céramiques, et surtout médicaments. Il ne faut pas ici se laisser entraîner dans la distinction entre chimie et alchimie. Il suffit d'observer qu'un certain nombre de chaînes opératoires accèdent à l'échelle industrielle. Prenons à un profane, Pancirolli, l'inventaire des procédés constituant l'alchimie : « Les inventions chymiques, pour parcourir les principales, concernent en partie les métaux, en partie les minéraux. Concernant les métaux, on peut établir ceci : les mélanger entre eux pour qu'ils paraissent être quelque chose d'autre, ce dont les exemples sont assez répandus. Les changer, comme cela se fait surtout sur le fer et le cuivre ; ajouter du poids ou, ce qui est plus facile, en retirer ; rendre certains plus solides ; changer la couleur de certains, comme très souvent pour le fer ; rendre les uns plus mous et d'autres plus durs ; tout cela sans intention frauduleuse. D'autres pratiques, plus subtiles, concernent les minéraux, comme les dorures, les argentures, les séparations. A partir de quoi on a cherché les vertus admirables des minéraux, leurs sympathies, leurs antipathies comme pour l'antimoine, le mercure, la *cophura*, le soufre, la soudure d'or, le plomb cendré et plus blanc avec l'or, l'argent, le laiton, etc. C'est à ceci que se rapporte l'invention de la poudre à canon, et l'art d'étirer le verre en très longues lignes. J'omets ce qui concerne les remèdes, les distillations, les fumigations, les fusions minérales. On ne pourrait rien trouver de plus ingénieux et de plus soigneux. Ce qui n'est pas encore inventé, comment pourrais-je en dire un mot ? J'estime cependant qu'on peut en trouver encore davantage. Comme l'amollissement du verre sans feu, la composition de l'électrum, la fabrication des pierres les plus dures, l'extraction par cuisson des eaux les plus ténues, etc. Ce qui a été inventé, mais n'est connu que d'un petit nombre, par exemple amener le verre à la dureté du diamant ; produire à partir de métaux et de minéraux des remèdes plus efficaces et immédiats contre les maladies désespérées. De même, contre la force de tous les poisons, un antidote très bien choisi et très certain ; enfin, ce qui dépasse la force et l'efficacité de tout ce qu'on a énuméré, il y a une méthode certaine et facile, par laquelle on prépare les esprits les plus subtils, par l'efficacité desquels les métaux les plus parfaits sont produits en proportion multiple plus parfaits et plus abondants (sans aucune prétention à une métamorphose trompeuse) »[83].

Historiquement, ce corps de pratiques industrielles vient des traditions artisanales du Moyen Âge ; d'autres se sont détachés de la pratique transmuta-

83. Guido PANCIROLLI, *Nova reperta*, p. 327-328.

toire où ils avaient un statut préparatoire ou accessoire. Textuellement, ils ont suivi la tradition des recueils d'alchimie, des réceptaires ou des antidotaires médicaux, des compilations informes de secrets, des *Distillirbücher.* Mais peu à peu, ils vont envahir les recueils intitulés *Chymia* ou *Alchymia* jusqu'à détrôner la partie transmutatoire. Mais épistémologiquement, leur légitimité ne repose que sur l'*expertum est*, l'effet avéré ou attesté.

La même réorganisation logique s'imposait donc aux savoirs chymiques pour faire face à l'industrialisation de leur pratique et aux nécessités de l'enseignement, puisque la première chaire de chimie, celle de Johann Hartmann, fut créée à Marbourg en 1609. Il est intéressant que le catalogue de Pancirolli se réfère explicitement à André Libavius. Les travaux de Friedemann Rex[84], d'Owen Hannaway[85], de Bettina Meitzner[86] ont sorti de l'oubli ce pédagogue (mort en 1616) et son *Alchemia* de 1597. Dans sa préface au lecteur[87], Libavius revendique la dignité de l'art chimique, l'inscrit dans la dialectique art-nature, affirme sa prétention à un exposé méthodique au départ de principes généraux, en allant du plus général vers le plus spécifique, dans une démarche héritée de Mélanchthon et de Ramus. Dans la dédicace au Sénat d'Augsbourg, il souligne la nouveauté de sa démarche « Ce n'est pas une partie de cet art que je vous dédie, c'est l'art dans son entier, inventé par les artisans les plus fameux au prix d'un long usage, mais non encore réduit en forme méthodique jusqu'à présent. Le contenu se trouve ainsi structuré en arborescences, comme les études de philosophie ou d'éloquence ». La première partie, l'*encheiria*, dégage les matériaux et les opérations de base communs à toutes les formules de manière à permettre une standardisation des procédés ; la seconde, la *chymia*, est l'application des procédés bien assurés aux fabrications particulières, de manière à permettre une uniformisation des produits.

Dans l'art du verre, l'*Arte vetraria* (1612)[88] d'Antonio Neri est solidaire du développement des grandes verreries de Murano. Non seulement il met en

84. F. REX, M. ATTERER, K. DEICHGRÄBER, K. RUMPF, *Die Alchemie des Andreas Libavius. Ein Lehrbuch der Chemie aus dem Jahr 1597. Zum ersten Mal in Deutscher Übersetzung*, Weinheim, Verlag Chemie, 1964.

85. O. HANNAWAY, *The Chemists and the Word. The Didactic Origins of Chemistry*, Baltimore-London, Johns Hopkins University Press, 1975.

86. B. MEITZNER, *Die Gerätschaft der Chymischen Kunst. Der Traktat « De sceuastica artis » des Andreas Libavius von 1606*, Stuttgart, Steiner, 1995.

87. *Alchemia Andreae LIBAVII opere e dispersis passim optimorum autorum, veterum et recentium exemplis potissimum, tum etiam praeceptis quibusdam operose collecta, adhibitisque ratione et experientia quanta potuit esse, methodo accurata explicata et in integrum corpus redacta*, Frankfurt a/M, 1597, 2e éd. augmentée 1606.

88. Antonio NERI, *L'Arte Vitraria*, Florence, 1612 ; *De Arte Vitraria, libri septem, et in eosdem Christophori* MERRETTI *Observationes et Notae*, Amterdam, 1668.

ordre la pratique observée, mais il passe au crible l'information fournie par les cahiers de recettes. Il connaîtra d'innombrables éditions, jusqu'à celles de Merret et de Kunckel, traduites en français par le baron d'Holbach. D'édition en édition, le texte suit le progrès industriel et Kunckel observe par exemple que certaines recettes de Neri n'ont aucun résultat.

Dans l'industrie céramique, les *Tre libri dell'Arte del vasaio* de l'ingénieur et architecte italien Cipriano Piccolpasso (1557, édition française 1560) s'inscrivent dans la même systématisation des procédés industriels[89]. En 1627, la *Fidelle ouverture de l'art du serrurier* de Mathurin Jousse, artisan lié aux milieux jésuites de La Flèche explicite la même volonté de codifier des tours de main « C'est pourquoy voyant combien nécessaire est à tout le commun cest art, et ayant expérimenté par un long et assiduel exercice que i'en ay faict depuis un assez bon nombre d'années, tant en diverses sortes de besognes et ouvrage, où m'avez faict l'honneur de m'employer, qu'en plusieurs autres particuliers, combien grande est la difficulté d'en avoir une cognoissance et pratique asseurée. J'ay cherché tous les moyens qui m'ont esté possible d'apporter soulagement, et faciliter le chemin à ceux qui le voudraient embrasser »[90].

Cette constitution de traités ordonnés va de pair avec la généralisation des procédés. Elle implique l'abandon du secret de fabrication, seule protection efficace de la propriété intellectuelle. Désormais, les arts mécaniques bénéficient d'une représentation généralisée, formulée dans le langage des savants et permettant une fécondation croisée des deux champs de savoir.

89. *Les Troys libvres de l'art du potier esquels se traite non seulement de la Practique, mais briefvement de tous les secrets de ceste chouse qui iouxte mes huy a estées tousiours tenue célée. Du cavaliere Cyprian PICCOLPASSI, Durantoys, translatés de l'italien en langue françoyse par Maistre Claudius Popelyn, parisien*, Paris, Librairie internationale, 1860.

90. Mathurin JOUSSE, *La Fidelle ouverture de l'art du serrurier*, La Flèche, 1627.

Chapitre 3

LES ESPACES DE PERMÉABILITÉ

A la dichotomie artificiellement entretenue du « savant » et du « populaire » se substitue ainsi le tableau contrasté de groupes d'acteurs techniques maîtrisant leur mode propre de transmission du savoir. La pratique s'y révèle en quête de principes, et les connaissances s'ordonnent peu à peu pour s'intégrer à un nouveau contexte économique et social.

Il importe à présent de se tourner vers les clercs, plus particulièrement les philosophes, et de questionner leur réceptivité aux méthodes et aux faits issus de la pratique technicienne. Il faut analyser la place des techniques dans les classifications philosophiques du savoir censées rendre compte des rapports organiques entre les connaissances humaines[1]. En précisant leur dignité sociale et leur valeur épistémique, elles révèlent, du même coup, une attitude d'ouverture ou de fermeture. Si l'on en croit l'article « Art » de Diderot dans l'*Encyclopédie*, les préjugés des classes élevées firent qu'on pratiqua exclusivement les arts libéraux et que les arts mécaniques furent tenus dans un long discrédit jusqu'à son temps. En réalité, les anciennes classifications du savoir, qui sont des représentations collectives dans le cadre de systèmes de valeurs, reconnaissent à la technique une valeur cognitive et morale et définissent des aires conceptuelles de perméabilité, voire d'osmose avec le savoir des doctes.

Arts d'homme libre et arts d'esclaves

Si le mot *ars*, τέχνη, désigne toute espèce d'activité de production, la différence se dessine, dès l'époque hellénistique, entre arts dits libéraux, ou

1. Sur les classifications des sciences, voir J. MARIETAN, *Le problème de la classification des sciences, d'Aristote à Saint Thomas*, Paris, 1901 ; J. A. WEISHEIPL, « Classification of the Sciences in Medieval Thought », dans *Medieval Studies*, 27 (1965), p. 54-90.

honorables, pratiqués par les hommes libres, et arts serviles, pratiqués par les esclaves, soit le plus gros des activités techniques[2]. Cicéron se sert d'expressions diverses : *artes, artes liberales* ou *ingenuae* ; *bonae artes, artes libero dignae, doctrina, liberales doctrinae atque ingenuae, bonarum rerum disciplinae, eruditio libero digna.* Il s'agit, dans la tradition alexandrine, de ce qui deviendra le *trivium* (grammaire, rhétorique et dialectique) et le *quadrivium* (arithmétique, géométrie, astronomie et musique). Quant aux autres activités humaines, il définit leur statut dans un passage célèbre de *De officiis*[3], influencé par le stoïcien Panétius, « Sur la pratique des arts et sur les moyens de gagner sa vie, voici à peu près ce que nous avons appris [...] Tous les fabricants (*opifices*) exercent un art vil : car un atelier ne peut rien avoir de noble. Et les arts qu'il faut le moins approuver sont ceux qui servent le plaisir [...] Les arts où il y a plus de discernement et dont l'utilité n'est pas petite, comme la médecine, comme l'architecture, comme la connaissance des choses honorables, celles-là sont honorables pour ceux au rang de qui elles conviennent [...] Et de toutes les choses, à partir desquelles quelque chose est produit, rien n'est meilleur, rien n'est plus abondant, rien n'est plus doux, rien n'est plus digne d'un homme libre que l'agriculture ».

Ainsi, outre les arts libéraux, seuls la médecine, le droit, l'agronomie et l'architecture sont des activités dignes d'un homme libre. L'architecture occupe une place ambiguë. Quoique Vitruve s'évertue à en faire une synthèse des arts libéraux, il n'arrive pas à faire oublier que l'architecte est étymologiquement un maître-charpentier, et le programme qu'il décrit est bien difficile à réaliser. De même, les *Disciplinarum libri IX* de Varron décrivent les sept arts libéraux, la mécanique et l'architecture. Sous Tibère, les *Artes* de Celse traitent de médecine (conservée), d'agriculture, d'art militaire et de rhétorique. Enfin, chacun sait que le maître d'école Martianus Capella (365-440) dans ses *Noces de Mercure et de Philologie* amorce la codification du *trivium* et du *quadrivium*. Au banquet des noces, la médecine et l'architecture occupent une place secondaire car elles s'occupent de choses terrestres[4].

2. Sur le statut des « arts mécaniques » dans l'Antiquité et au Moyen Âge, on possède quatre études approfondies : P. STERNAGEL, *Die Artes mechanicae im Mittelalter. Begriffs- und Bedeutungsgeschichte bis zum Ende des 13 Jahrhunderts*, Kallmünz, 1966 ; F. ALESSIO, *La filosofia e le artes mechanicae nel secolo XII. Studi Medievali*, 3e sér., t. 6, p. 71-161, nouvelle éd. Spolète, 1984 ; Guy H. ALLARD, « Les arts mécaniques aux yeux de l'idéologie médiévale », dans *Les arts mécaniques au Moyen Âge. Cahiers d'études médiévales*, VII, Montréal-Paris, 1982, p. 13-32 ; Elspeth WHITNEY, *Paradise restored. The Mechanical Arts from Antiquity through the Thirteenth Century*, Philadelphia, 1990 (*Transactions of the American Philosophical Society*, 80, 1).

3. CICERON, *De officiis*, I, 150.

En réalité, cette différenciation est purement sociale et non pas cognitive. Elle s'enracine profondément dans la mentalité romaine, où la valeur suprême est le loisir (*otium*)[5], et le travail se définit par la privation de loisir (*negotium*). A cette dévalorisation du travail, particulièrement manuel, la tradition chrétienne fait écho. C'est à cause de la Chute qu'Adam doit « gagner son pain à la sueur de son front », et le verset évangélique « Regardez les oiseaux du ciel, ils ne sèment ni ne moissonnent, et pourtant votre père céleste les nourrit » (Matthieu 6, 25 ; Luc 24) suscita chez les premiers chrétiens des réactions d'oisiveté contre lesquelles Saint Paul eut à réagir (II Thess. III 10). A l'inverse, les Pères grecs, comme Jean Chrysostome, font l'éloge du travail, et les monastères seront selon l'expression de Jacques Le Goff des « îlots de valorisation du travail manuel »[6], exigé par les règles monastiques[7].

Mais il existe une autre tradition, bien plus favorable aux activités techniques. Par la lettre 90 de Sénèque[8], on sait que le philosophe Posidonius d'Apamée (1er s. av. J.-C.) attribuait aux sages l'invention des arts utiles, construction, charpenterie, métallurgie, tissage, agriculture. Contre quoi Sénèque s'insurge « que la philosophie ait inventé les arts dont on se sert dans la vie quotidienne, je ne le concéderai pas et ne leur attribuerai pas la gloire de la production »[9] et d'opposer à Dédale, le sage-technicien de Posidonius, Diogène cassant son écuelle pour boire dans le creux de sa main[10]. Pour Sénèque, ces inventions sont le fait de la *sagacitas*, non de la *sapientia*[11], de la *ratio*, non de la *recta ratio*[12]. Selon Sénèque, la sagesse n'instruit pas les mains. Mais Posidonius exercera une influence considérable sur Lucrèce et sur Pline. Le livre V de Lucrèce s'achève par une grandiose histoire de l'humanité, où les techniques, inventées une à une, sortent l'homme

4. Martianus CAPELLA, *De nuptiis*, IX, 891. « A quoi Apollon ajoute la Médecine et l'Architecture pour s'adjoindre aux préparatifs, mais comme elles sont le souci et l'exercice de choses mortelles et terrestres, et qu'elles n'ont aucune affinité avec l'éther et le monde d'en haut, il n'est pas inconvenant, comme si elles étaient rejetées par dégoût, qu'elles se taisent au sénat céleste, car elles doivent être dans l'avenir, mûrement explorées par Philologie elle-même ».

5. J.-M. ANDRE, *L'*otium *dans la vie morale et intellectuelle romaine des origines à l'époque augustéenne*, Paris, 1966. Voir aussi Robert JOLY, *Le thème philosophique des genres de vie dans l'Antiquité classique*, Bruxelles, 1956.

6. J. LE GOFF, « Le travail dans les systèmes de valeur de l'Occident médiéval », dans J. HAMESSE, C. MURAILLE-SAMARAN (éds), *Le travail au Moyen Âge. Une approche interdisciplinaire*, Louvain-la-Neuve, 1990, p. 7-21.

7. Dom Jacques DUBOIS, *Le travail des moines au Moyen Âge*, *ibidem*, p. 61-100.

8. SENEQUE, *Lettres à Lucilius*, XIV, 90.

9. SENEQUE, *Lettres*, XIV, 90, 7.

10. SENEQUE, *Lettres*, XIV, 90, 14.

11. SENEQUE, *Lettres*, XIV, 90, 11.

12. SENEQUE, *Lettres*, XIV, 90, 24.

de la sauvagerie[13] : « Navigation, culture des champs, architecture, lois, armes, routes, vêtements et toutes les autres inventions de ce genre, et celles mêmes qui donnent à la vie du prix et des plaisirs délicats, poèmes, peintures, statues parfaites, tout cela a été le fruit du besoin, de l'effort et de l'expérience ; l'esprit l'a peu à peu enseigné aux hommes dans une lente marche du progrès. C'est ainsi que le temps donne naissance pas à pas aux différentes découvertes qu'ensuite l'industrie humaine porte en pleine lumière. Les hommes voyaient en effet les arts éclairés d'âge en âge par des génies nouveaux, puis atteindre un jour leur plus haute perfection ». De même, l'*Histoire naturelle* de Pline glorifie à la fois la nature et la technique qui l'imite.

Ce croisement de traditions nourrit la pensée d'Augustin et d'Isidore, qui mettent les arts et métiers au service de l'Écriture. Selon Augustin, tous les arts sans distinction sont produits par le troisième des six degrés de l'âme, celui qui est propre aux hommes : « C'est une grande ressource entièrement humaine. Mais elle est commune aux doctes et aux indoctes, aux âmes bonnes et mauvaises »[14]. Parmi tous ces arts fruits de l'*ingenium* humain, certains sont nécessaires, d'autres superflus, voire dangereux[15]. Au sommet des activités humaines se trouvent celles qui ont pour objet le savoir théorique. Viennent ensuite le savoir pratique (les *agilia*) et enfin le savoir technique (les *factilia*). Celui-ci risque de retenir l'esprit de l'homme dans les apparences du monde sensible, mais un chrétien ne doit pas négliger les savoirs utiles à la vie de la cité, comme la médecine et le droit[16]. Mais plus généralement toutes les sciences profanes sont au service de la compréhension de la Bible. Ceci introduit dans la culture chrétienne, non seulement le cycle normal des études libérales, mais aussi les savoirs manuels car l'Écriture utilise des images et des figures que seule la connaissance des techniques peut expliquer, ainsi la construction du Temple de Jérusalem ou de l'Arche d'Alliance[17].

Cette même ambivalence sous-tend la structure des *Étymologies* d'Isidore. L'encyclopédiste traite d'abord des arts libéraux (livres I à III), de médecine (IV), de droit (V 1), de chronologie et de sciences sacrées (V B – IXA), d'institutions (IX), puis d'histoire naturelle, à savoir l'homme et les animaux (XI-XII), la matière et les météores (XIII), la géographie (XIV), les villes et les campagnes (XV), les produits de la terre (XVI), l'agriculture et les plantes

13. LUCRECE, *De rerum natura*, V, 1027 sq ; 1375 sq.

14. AUGUSTIN, *De quantitate animae*, 72, *Patrologie Latine*, 32, col. 1074-1075.

15. AUGUSTIN, *De civitate Dei*, XXII, 24 ; *De quantitate animae*, 33, *PL*, 32, col. 1054.

16. AUGUSTIN, *De doctrina christiana*, II, 25 (39)-26 (40), *PL*, 34, col. 54-55.

17. AUGUSTIN, *De doctrina christiana*, II, 30 (47), col. 57.

(XVII), l'art de la guerre et les spectacles (XVIII). Le livre XIX est proprement consacré aux techniques, ou plutôt à leur vocabulaire : « j'ai veillé à noter ci-après les mots de certains arts, par lesquels on fabrique quelque chose, ou les outils des artisans, ou les mots qui désignent un métier ou quelque chose de ce genre »[18]. On trouve ainsi successivement la navigation (avec les cordes et les filets), le four et les outils du forgeron, la construction, le travail du bois, le travail de la laine (*lanificium*) avec les vêtements, les ornements, les bijoux, les anneaux.

Arts mécaniques, arts serviles et philosophie

C'est dans un autre texte d'Isidore que la mécanique prend place dans la classification du savoir. On a vu plus haut que la μηχανική est à l'origine le savoir touchant aux machines, celui des ingénieurs[19]. On a vu avec Vitruve que ce savoir est à la fois libéral et artisanal. Dans un texte peu connu des *Differentiae*[20] Isidore divise la philosophie en trois parties, la physique (*naturalis*), l'éthique (*moralis*), la logique (*rationalis*). La physique se consacre à la nature et à la contemplation des choses[21]. Elle comprend sept disciplines, l'arithmétique, la géométrie, la musique, l'astronomie, l'astrologie, la *mechanica* et la médecine. La *mechanica* se trouve définie comme suit « La *mechanica* est une expérience ou une science à laquelle, dit-on, se ramènent subtilement les fabrications de toutes choses ». Le mot expérience (*peritia*) est l'*empeiria* des Grecs, le mot science (*doctrina*) est l'*épistèmè*, avec la connotation de la *metis* (*subtiliter*) »[22]. C'est, typiquement, la conception alexandrine.

Au milieu du IXe siècle, Jean Scot Érigène[23], dans son commentaire à Martianus Capella, généralise l'acception de *mechanicus* à toute espèce de travail manuel. Philologie offre à son fiancé, en contrepartie des sept arts libéraux, les sept arts mécaniques, qui ne sont ni spécifiés, ni évalués. En revanche, dans d'autres textes de la même époque *mechanicus* est donné pour

18. ISIDORE, Étymologies, XIX, 1, 1 *Artium quarundam vocabula quibus aliquid fabricatur, vel instrumenta artificum, vel quae ministerium exhibent, atque aliquid huiuscemodi deinceps ex parte notanda.*

19. Voir *Thesaurus linguae latinae* VIII (1966), col. 515-516. On trouve l'expression *sophia mêkhanikê* « l'habilité mécanique » chez PROCOPE, *Aedif*, I, 1, 24-25 ; AGATHIAS, V, 6, 4. Selon CASSIODORE, *Variae*, III, 5, 2, le *quadrivium* sert aux *mechanici*.

20. ISIDORE, *Differentiae*, II, XXXIX, 148, *PL*, 83, col. 93-94.

21. *Differentiae*, II, XXXIX, 149 *Naturae et contemplationi rerum deputatur.*

22. ISIDORE, *Differentiae*, II, XXXIX, 152. *Mechanica est quaedam peritia, vel doctrina, ad quam subtiliter fabricam omnium rerum concurrere dicunt.*

23. JEAN SCOT ERIGENE, *In Martianum Capellam*, 74 Lutz.

équivalent du grec *banausos*[24], nom dévalorisant de l'artisan chez Platon, tandis qu'un glossaire lui donne pour étymologie le mot *moechus* « adultère », une étymologie fausse qui fera fortune[25].

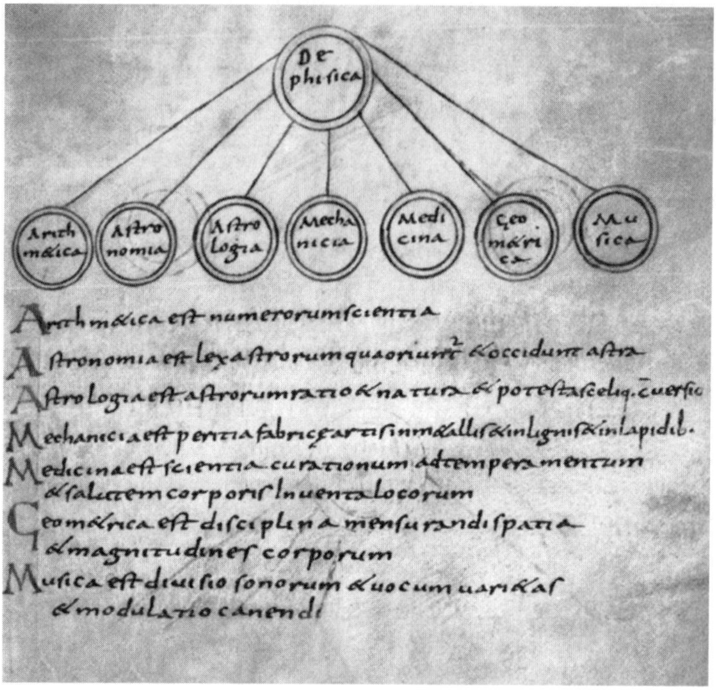

Classification du savoir d'Isidore Xe siècle.

On a souvent vu dans le *Didascalicon* d'Hugues de Saint Victor (1re moitié du XIIe siècle) une mutation dans l'appréciation des savoirs manuels. En réalité, il se borne à combiner Scot Érigène, les *Differentiae* d'Isidore et la table des *Étymologies*. Hugues définit d'abord, d'après Platon et Aristote, la différence entre *disciplina* et *ars* comme la différence entre le certain et le probable (*verisimile atque opinabile*)[26]. Et il ajoute une deuxième différence, l'art se fait sur une matière et se développe par l'opération, la science (*disciplina*) consiste en spéculation et se développe par le raisonnement. Quant à la philosophie, c'est la discipline qui recherche de façon probable les raisons

24. *Corpus glossarium Latinorum*, III, 251, 44.
25. Voir le texte dans P. STERNAGEL, *Die Artes Mechanicae*, p. 45-46.
26. HUGUES DE SAINT VICTOR, *Didascalicon*, II, 1, *Patrologie Latine*, 176, col. 751.

de toutes les choses divines et humaines. Ainsi la *ratio* de toutes les études revient à la philosophie et la philosophie concerne d'une certaine manière toutes choses[27]. La philosophie se divise ainsi en théorique, pratique, mécanique et logique[28] : la théorique est spéculative ; la pratique est active, c'est-à-dire éthique ; la mécanique est adultérine car elle s'occupe des affaires humaines (*mechanica adulterina, quae circa humana officia versatur*) ; la logique est discursive. La théorique comprend la théologie, la mathématique, c'est-à-dire le quadrivium, et la physique, la pratique comprend l'éthique, l'économique et la politique. On mesure la différence avec Isidore. Dans les *Differentiae*, la mécanique au sens étroit entrait dans la philosophie par la physique ; dans le *Didascalicon*, la mécanique au sens large devient une partie de la philosophie et se fonde en raison. Elle comprend chez Hugues sept sciences groupées en trois et quatre sur le modèle du trivium et du quadrivium : le textile (*lanificium*), l'armement (*armatura*) qui comprend l'architecture (*architectonica*) divisée en maçonnerie (*caementaria*) et charpenterie (*carpentaria*), et d'autre part la métallurgie (*fabrilis*) qui comprend la forge (*malleatoria*) et la fonderie (*exclusoria*) ; l'agriculture qui comprend les champs semés (*arvum*), les plantations (*conseta*), les pâturages (*pascuum*) et les jardins (*floridum*) ; la chasse (*venatio*) divisée en chasse aux bêtes (*ferina*), aux oiseaux (*aucupium*), et pêche (*piscatura*) incluant toute la préparation de nourriture et de boisson ; la médecine (*medicina*) et les arts de la scène (*theatrica*)[29]. Les matériaux sont repris à Isidore, leur disposition révèle une promotion épistémologique.

La valorisation des savoirs mécaniques s'inscrit dans la dialectique art-nature héritée de Posidonius : « Ces arts s'appellent mécaniques, c'est-à-dire adultérins, parce qu'ils font par le travail de l'artisan ce qui emprunte une forme à la nature. Comme les autres sept sont appelés libéraux, soit parce qu'ils requièrent des esprits dégagés et éveillés, parce qu'ils disputent subtilement des causes des choses ; soit parce qu'autrefois seuls les hommes libres, c'est-à-dire les nobles, avaient coutume de s'y adonner et que les plébéiens et les fils des non nobles s'adonnaient aux mécaniques à cause de leur habileté au travail. On voit ici la diligence des anciens, qui ont voulu ne rien

27. HUGUES DE SAINT VICTOR, *loc. cit.* « On peut appeler art ce qui se fait sur une matière sujette et se développe par operation, comme l'architecture ; science, ce qui consiste en spéculation et se développe par le raisonnement seul, comme la logique (...) En d'autres termes la philosophie est la science qui étudie de façon probable les raisons de toutes choses divines et humaines. Ainsi la raison de toutes les études regarde la philosophie. Leur application n'est pas tout entière philosophie ; et c'est pourquoi la philosophie paraît en quelque manière concerner toutes choses ».

28. HUGUES DE SAINT VICTOR, *Didascalicon*, II, 2, col. 752.

29. HUGUES DE SAINT VICTOR, *Didascalicon*, II, 21, col. 760-763.

laisser inexploré, mais tout embrasser sous des règles et des préceptes certains. La mécanique est la science à laquelle les fabrications de toutes les choses doivent se ramener »[30]. Ainsi les pratiques de fabrication, quoique socialement dévalorisées, sont elles aussi fondées en raison, une raison qu'il appartient à la philosophie de dégager. La porte est ainsi largement ouverte à l'intégration d'éléments techniques dans la philosophie naturelle.

Technique et morale

Au sein des arts mécaniques, l'orfèvrerie, la peinture, la sculpture, la teinture, l'enluminure soulèvent dès l'Antiquité des problèmes moraux. Ils sont le domaine du secret, tel le procédé du verre incassable qu'un artisan vint offrir à Tibère. Après s'être assuré que l'inventeur n'avait communiqué son secret à personne, l'empereur le fit exécuter pour préserver les intérêts de l'industrie verrière[31]. D'autre part, les métiers d'art sont au service de la *luxuria*. Les moralistes anciens et les Pères de l'Église feront chorus pour les condamner. Ainsi Pline ouvre ses livres de métallurgie par une diatribe de type stoïco-cynique : « Parlons à présent des métaux, des richesses elles-mêmes et des choses de prix. Le souci fouille les entrailles de la terre de mille manières. Ici on creuse pour les richesses, la vie cherche l'or, l'argent, l'or blanc, le cuivre ; là, pour les voluptés on cherche les gemmes et les pigments des murs et des boiseries ; ailleurs, pour la violence, on cherche le fer, plus précieux que l'or même dans les guerres et les massacres ; la cupidité cherchait l'argent ; on estime bon d'avoir trouvé le cinabre et on imagine un usage pour la terre rouge. Hélas, esprits prodigues ! De combien de façons avons-nous accru les prix des choses ! L'art de la peinture est venu s'ajouter et nous avons rendu l'or et l'argent plus chers en les ciselant ! (...) puis tout cela fut déprécié et commença d'être vulgaire. Dès qu'il y eu trop d'or et d'argent, on se mit à extraire de la même terre, les myrrhins et les cristaux de roche, dont la fragilité même devait faire le prix. Ce fut la recommandation des œuvres, ce fut tenu pour la gloire du luxe de posséder ce qui pouvait se détruire tout entier en un instant, et cela ne fut pas assez, nous buvons dans une foule de gemmes, nous entrelaçons nos coupes d'émeraudes, et on aime tenir l'Inde pour son ébriété »[32].

30. HUGUES DE SAINT VICTOR, *Didascalicon*, II, 21, col. 760.

31. ISIDORE, *Etym.*, XVI, 6, 6. Il faudrait une étude sur le comportement « luddite » de certains souverains, comme Napoléon à l'égard du sous-marin de Fulton ou du fardier de Cugnot.

32. PLINE, XXXIII, 1-4.

Pour Augustin[33] la peinture et la sculpture sont des *superflua*. C'est en se mettant au service de la gloire de Dieu que les métiers de luxe se sauveront du discrédit. Ces idées seront développées en détail au XIIe siècle dans la *Diversarum artium schedula* du prêtre Théophile (vers 1125). Chaque livre est précédé d'une longue préface théologique où Théophile exalte le travail manuel. Les savoirs techniques sont le fruit de l'intelligence, qu'Adam reçut de Dieu. Accrus au fil des générations, ils sont ainsi un héritage précieux, qu'il importe de développer. « Il est donc juste que la pieuse dévotion des fidèles ne laisse point périr dans l'oubli le trésor légué à notre âge par la sage prévoyance de nos prédécesseurs : que l'homme embrasse de toute l'ardeur de ses désirs l'héritage que Dieu lui accorda ; qu'il s'efforce de le posséder. Que celui qui l'aura acquis ne s'en glorifie pas en lui-même, puisque ce n'est point une conquête, mais un don ; qu'il s'en félicite au contraire humblement dans le Seigneur, de qui et par qui toutes choses viennent, sans lequel il n'y a rien ; qu'il n'enveloppe pas ce bienfait d'un silence jaloux : qu'il ne le cache pas dans les replis d'un cœur avare ; mais qu'écartant toute jactance il en fasse part à ceux qui le cherchent ; qu'il craigne le jugement porté dans l'Évangile contre cet intendant, qui n'ayant pas fait en sorte de rendre avec intérêt la somme à lui confiée, fut privé de tout bénéfice et flétri, par la bouche de son maître, du nom de mauvais serviteur »[34].

Dieu se plaît à considérer l'homme humble et tranquille travaillant en silence au nom du Seigneur et obéissant à ce précepte de l'apôtre saint Paul : « Mais que plutôt il travaille, faisant usage de ses mains, chose qui est bonne, afin qu'il ait de quoi fournir aux besoins de celui qui souffre » (Éphésiens 4.28, texte assez variant). Tout ce que l'on peut étudier, comprendre ou méditer dans les arts, met en œuvre les sept dons du Saint-Esprit : sagesse, intelligence, conseil, force, science, piété, crainte du Seigneur.

L'influence arabe

Dans les textes issus de la tradition antique, les techniques présentent une fondamentale ambivalence : fondées en raison, elles sont pratiquées par des gens inférieurs. Un traité anonyme du XIIe siècle observe[35] : « On dit que ces arts sont adultérins soit parce qu'ils imitent les arts libéraux, soit parce que ce sont les étudiants les moins doués ou les plus dégradés qui s'y adonnent, soit enfin parce que ce sont des roturiers ou même des gens adultères qui s'y

33. AUGUSTIN, *De doctrina christiana*, 2, 25 (39), col. 54.
34. THEOPHILE, *De diversis artibus*, livre I, préface, p. 2 Dodwell.
35. BN latin 6750, éd. ALESSIO, p. 156-157.

réfugient ». Richard de Saint Victor[36] conclut que les arts mécaniques appartiennent à la philosophie selon leur *ratio*, mais non selon leur pratique. Ainsi la raison de l'agriculture appartient au philosophe, sa pratique au paysan. On retrouve la vieille dualité posidonienne.

Mais à la même époque, les traductions arabo-latines révèlent à l'Occident quantité d'*artes* nouvelles. Vers 1150, Domenico Gundisalvi, archidiacre de Tolède, s'inspire de l'Arabe al-Fārābī[37] pour en donner un nouveau tableau dans son *De divisione philosophiae*.

Selon Gundisalvi, la philosophie a pour dessein de comprendre tout ce qui existe. Elle se divise en deux parties, théorique, centrée sur la connaissance et pratique, centrée sur l'action. La science théorique comprend la science naturelle, la mathématique et la théologie. Les deux premières nous intéressent particulièrement.

La science naturelle universelle comprend huit sciences particulières : la médecine, l'astrologie judiciaire, la nécromancie selon la physique, la science des images, la science de l'agriculture, la science de la navigation, la science des miroirs, la science de l'alchimie, c'est-à-dire de la transmutation des espèces[38].

La science mathématique, elle aussi universelle, contient sept *artes* : arithmétique, géométrie, musique, astrologie, science des aspects, science des poids, science des *ingenia*. Trois sont proprement techniques : la géométrie, la science des poids, la science des inventions ingénieuses (*scientia ingeniorum*). La géométrie est pratiquée par deux sortes de praticiens, les mesureurs et les artisans. Les mesureurs mesurent les hauteurs, les profondeurs et les surfaces. « Les artisans sont ceux qui peinent à fabriquer ou dans les arts mécaniques, comme le charpentier dans le bois, le forgeron dans le fer, le maçon dans la brique et les pierres, et tout praticien des arts mécaniques selon la géométrie pratique »[39]. Quant à la science des poids, *scientia de ponderibus*, elle traite des poids et de leurs déplacements et donc des principes des engins de levage et de transport[40]. Quand à la science *de ingeniis* c'est une vraie mathématique appliquée. Elle consiste à accorder avec la réalité physique elle-même les principes mathématiques que les autres sciences traitent comme séparés des corps matériels. Les sciences des inventions ingé-

36. RICHARD DE SAINT VICTOR, *Liber exceptionum*, p. 111 Chatillon. La différence entre *ratio* et *applicatio* est déjà chez Hugues, *Didascalicon*, I, 5, *PL*, 176, 745.

37. Angel GONZALEZ PALENCIA, *Al-Fārābī. Catalogo de las ciencias*, Madrid-Granada, 1953.

38. GUNDISALVI, *De divisione philosophiae*, p. 20, éd. L. BAUR, *Dominicus Gundissalinus, de divisione philosophiae*, Münster, 1903 (*Beiträge zur Geschichte der Philosophie des Mittelalters*, IV, 2.3).

39. GUNDISALVI, p. 109 Baur.

40. GUNDISALVI, p. 122 Baur.

nieuses enseignent les moyens « d'imaginer et de trouver comment les corps naturels s'ajustent selon le nombre par un artifice quelconque pour que nous en tirions l'usage que nous en cherchons. C'est le cas de la science des nombres qui s'appelle algèbre, mucabala et d'autres semblables[41] ».

De là dérivent de nombreux *ingenia geometrica*, comme l'architecture et le mesurage. Il y a un *ingenium* des instruments de levage, des instruments de musique et des instruments actifs de plusieurs arts, comme les armes. Il y a un *ingenium aspectuale secundum artem*, qui dirige la vue pour voir les choses de loin, et un autre sur les miroirs, qui réfléchissent les rayons, les brisent et les concentrent pour allumer du feu. Ainsi, les *scientiae ingeniorum* sont les principes des arts pratiques civils qui s'exécutent dans les corps, les figures, l'ordre, la position et la mesure comme l'art de la construction et de la charpenterie[42].

Tributaire de la tradition arabe de l'ingénierie, le texte de Gundisalvi promeut et intègre les arts mécaniques dans la philosophie par deux démarches corrélées : dégager les principes mathématiques qui commandent la pratique ; les appliquer par des procédures ingénieuses (les *ingenia*) aux arts.

Statut et rationalité des techniques chez les scolastiques

La pensée scolastique a tenu les activités techniques dans une position subordonnée, tant du point de vue de la dignité que de la rationalité. Les arts mécaniques travaillent sur la matière. Selon Albert le Grand[43], ils forcent l'âme à se divertir elle-même, à s'extérioriser dans le sensible et la rendent en quelque sorte adultère. Selon Saint Thomas[44], celui qui s'adonne au savoir théorique est au sens propre un homme libre, à savoir au service de personne d'autre que lui-même. Mais le serviteur, lui, est la chose du maître et il travaille et produit non pour lui-même mais pour son maître.

C'est de là que vient l'habitude d'appeler libéraux les arts qui s'occupent du savoir, tandis que ceux qui visent l'utilité pratique et la fabrication sont appelés mécaniques, c'est-à-dire serviles. Les métiers mettent en action le corps, partie de l'être humain par laquelle il n'est pas libre, c'est pourquoi ils ne sont pas libéraux[45]. C'est pourquoi les théologiens les assimilent souvent

41. GUNDISALVI, p. 122 Baur.

42. GUNDISALVI, p. 123-124 Baur.

43. ALBERT LE GRAND, *De natura et origine animae*, I, 1, *artes mechanicae animam quae gignit eas adulterantes et ad materiam trahentes*.

44. THOMAS, *Comm. in I Meta*, 3, ad C.

45. THOMAS, *In Boethium de trinitate*, qu. 5, art. 1 *ad* 3 *quia huiusmodi actus sunt hominis ex parte illa qua non est liber, scilicet ex parte corporis*.

aux œuvres serviles[46], *opera servilia*, interdites aux jours consacrés au Seigneur, travaux de gens qui ne sont pas libres, ni d'esprit ni de corps, et occupations qui détournent de la liberté d'esprit requise pour le culte.

Quant à la place de ces savoirs dans le paysage de la connaissance, Thomas affirme que les arts mécaniques sont, comme la médecine, l'agriculture et l'alchimie, subalternés à la physique[47]. La stéréométrie, science du mesurage des corps a comme subalternée la *machinatura id est scientia de faciendis machinis*[48]. Les plus mathématiques des arts mécaniques appartiennent aux *scientiae mediae*[49]. Ces sciences sont plus mathématiques que physiques ; elles ne prétendent pas expliquer la totalité des choses, mais seulement leur aspect quantifiable ; dans ce domaine restreint, pourtant, elles sont douées d'une certitude plus grande que celle de la physique pure, moins grande que celle des mathématiques pures. C'est le cas de l'astrologie, de la musique, de la perspective. La démonstration de la géométrie s'étend aux sciences inférieures : comme les arts mécaniques qui utilisent les mesures, ou les sciences spéculatives, comme celles qui s'occupent de la vue, ou la perspective et les sciences du visuel ; et il en va de même pour l'arithmétique en comparaison avec l'harmonique, c'est-à-dire la musique[50].

Enfin vers 1250, le *De ortu scientiarum* de Robert Kilwardby s'inscrit dans la même perspective, puisqu'il tient la technique à l'écart de la philosophie et la subalterne à la physique. Après avoir cité Hugues de Saint Victor, il conclut : « Je ne pense pas qu'il faut à présent se soucier d'une division subtile de ces arts directement, et de leurs définitions propres, de leurs matières et de leurs fins, pour ne pas nous égarer inutilement dans des domaines que les philosophes modernes considèrent peu parce que leurs matières et leurs buts doivent être mieux connus par la main des artisans que par les phi-

46. BONAVENTURE, *De reductione artium ad theologiam*, 2. *Ars mechanica quae, quia quodam modo servilis est et degenerata a cognitione philosophiae, recte potest dici.* Voir M.-D. CHENU, « Arts “ mécaniques ” et œuvres serviles », *Revue des Sciences Philosophiques et Théologiques*, 29 (1940), p. 313-315 ; G. FRANSEN, « La notion d'œuvre servile dans le droit canonique », dans J. HAMESSE, C. MURAILLE-SAMARAN (éds), *Le travail au Moyen Âge*, p. 177-184.

47. THOMAS, *In Boethium de trinitate, qu 5 a art. 1 ad 5 m et obj. 1.*

48. THOMAS, *In Posteriora Analytica*, *lect* 25 n° 2.

49. C. A. RIBEIRO DO NASCIMENTO, « Le statut épistémologique des “ sciences intermédiaires ” selon S. Thomas d'Aquin », dans *La science de la nature : théories et pratiques*, *Cahiers d'études médiévales*, 2, Montréal, Paris, 1974, p. 33-95.

50. THOMAS, *In Post. anal.*, *lect* 15 n° 5. *Demonstratio geometriae procedit ad scientias inferiores ; sicut sunt artes mechanicae, quae utuntur mensuris ; aut speculativae, sicut scientiae quae sunt de visu, ut perspectivae, et quae sunt de visuali ; et similiter est de arithmetica in comparatione ad harmonicam, idest musica.*

losophes considérant la seule vérité, et que nous sommes étrangers au travail manuel et inexperts »[51].

Si ces activités ne méritent pas une attention particulière de la part du philosophe, c'est que les savoirs techniques sont subalternés aux sciences spéculatives. Les sciences spéculatives donnent le *propter quid*, pourquoi une chose est, tandis que les arts mécaniques livrent le *quia*, le fait qu'une chose est[52].

Les arts mécaniques apparaissent ainsi comme toujours inférieurs en statut social, mais fondés en raison. Encore cette raison est-elle une forme dévaluée de la science pure. Elles peuvent tout juste illustrer les théories, par un prodigieux réservoir d'exemples, comme c'était le cas chez Aristote. Elles ne peuvent jamais les contredire.

Dignité sociale et valeur cognitive des techniques à la Renaissance

Si la scolastique tenait les techniques pour une connaissance utile mais de second ordre, la Renaissance en fera une source de connaissance à part entière. La promotion sociale des arts et métiers se prolonge par une promotion épistémologique. La Renaissance, liée au capitalisme moderne, inaugure une curiosité générale pour les *res*, les réalités de la nature et de la technique, et pour les inventions, y compris les performances les plus matérielles de l'esprit humain[53]. C'est probablement la littérature qui nous livre les indices les plus sûrs de ce changement de mentalité.

Dans l'éducation universaliste de Gargantua, les après-midi de pluie sont consacrés à la visite des ateliers[54] « Semblablement, ou alloient voir comment on tiroit les metauls, ou comment on fondoit l'artillerye, ou alloient veoir les lapidaires, orfevres et tailleurs de pierreries ou les alchymistes et monoyeurs, ou les haultelissier, les tissotiers, les velotiers, les horologiers, miralliers, imprimeurs, organistes, tinturiers et aultes telles sortes d'ouvriers, et partout donnans le vin, aprenoient et consideroient l'industrie et invention des mestiers ». Cette « invention des mestiers » est un des thèmes majeurs du *Microcosme* de Maurice Scève (1563). Pour consoler Ève de sa détresse après

51. KILWARDBY, *De ortu scientiarum*, 40, 378, p. 133, éd. A. G. JUDY, London-Toronto, 1976.

52. *Ibid.*, 43.401 (éd. Judy, 139-140).

53. M. POPPLOW, *Neu, nützlich und erfindungsreich. Die Idealisierung der Technik in der Frühen Neuzeit*, Münster-Berlin, 1998.

54. RABELAIS, *Gargantua*, ch. 24.

la Chute et la mort d'Abel, Adam lui décrit les progrès futurs de l'humanité tels qu'il les a vus en songe.

« Le futur bien du monde, et que deviendra l'Homme[55]. »

Il déroule une ample fresque, certainement inspirée du livre V de Lucrèce[56] (et donc de Posidonius), mais peut-être aussi de Polydore Virgile, où l'homme invente successivement tous les arts, puis toutes les sciences, jusqu'à ce que vienne la Rédemption. *Microcosme* chante la grandeur du travail manuel.

« Ne vois-tu, ô Adam, que ton Dieu se dispose
A travailler en toy, comme en soy il repose ?[57] »

Comme chez Lucrèce et chez Posidonius, les arts sont un remède à l'*inopia* à la détresse de l'homme. Mais ils visent aussi à sa commodité, ils sont *subtils* et *gentils*.

« Icy tairai passant tous les arts sedentaires.
Aucuns necessiteux, et autres voulentaires
Autant pour le plaisir, que pour l'utilité
Tous deux toujours visans à la commodité
De commune indigence, et dont on a mestier
et pource a tout besoin tresopportun mestier,
En laine, soye, et fil, labourés, ou tissus.
D'industrieuse esguille, ou de navette issus :
Le bois, pierre, et fer mis en ouvrage gentil.
Par rabbot, par cizeau, et par marteau subtil.
Fabriles, et ouvrés, ou de manufacture »[58].

Mais le travail manuel est aussi source de connaissance, chez l'homme *caut* (latin *cautus*, prudent) qui a l'esprit éveillé pour discerner des *experiments*.

« Ny marteau rebouché, ni enclume endurcie
Ny la lime rongeant, ny la forge noircie,
Ont à cest Homme caut l'esprit tant esveillé,

55. Maurice SCEVE, *Microcosme*, Texte établi et commenté par Enzo GIUDICI, Cassino-Paris, 1976, livre III, v. 26.

56. Bien vu par Simone FRAISSE, *L'influence de Lucrèce en France au XVIe siècle*, Paris, 1962, p. 133-136.

57. Maurice SCEVE, *Microcosme*, I, 485-486.

58. Maurice SCEVE, *Microcosme*, III, 711-721.

Que le charbon ardent jour, et nuict travaillé
En diverse fournaise à divers instrument,
Duquel il a tiré divers experiment
Par feu de l'air venteux des soufflets agité,
Et languissant par eux à vigueur excité
De sa vivacité operant maints effets
Pour transformation des metaux plus parfaits
Et par diverse eaufort en usage frequens
Convertis en couleurs, en poudres, et onguens[59] ».

On n'est pas loin des *Discours admirables* de Bernard Palissy. Dans ce dialogue entre « théorique » et « practique », Palissy consigne les conférences publiques d'histoire naturelle qu'il fit à Paris de 1575 à 1584 à partir des ressources de son cabinet. Il y réclame l'ouverture des portes de la science aux *secrets* issus de la pratique.

« Te donnes garde de croire les opinions de ceux qui disent et soustiennent que théorique a engendré la practique. Ceux qui enseignent telle doctrine prennent argument mal fondé, disans qu'il faut imaginer et figurer la chose que l'on veut faire en son esprit, devant que mettre la main à sa besongne. Si l'homme pouvait exécuter ses imaginations, ie tiendrois leur party et opinion ; mais tant s'en faut si les choses conceües aux esprits se pouvoyent executer, les souffleurs d'alchimie feroyent de belles choses, et ne s'amuseroyent à chercher l'espace de cinquante ans, comme plusieurs ont fait. Si la théorique figuree aux esprits des chefs de guerre se pouuoit executer, ils ne perdroyent iamais bataille. J'osc dire à la confusion de ceux qui tiennent telle opinion, qu'ils ne sçauroyent faire un soulier, non pas mesmes un talon de chausse. Quand ils auroyent toutes les theoriques du monde (…) et quand ils auront bien disputé, il faudra qu'ils confessent que la praticque a engendré la theorique (…) par pratique ie prouve en plusieurs endroits la théorique de plusieurs philosophes fausse, mesmes des plus renommez et des plus anciens »[60].

Ainsi, le travail sur la matière apparaît comme la voie royale vers la connaissance de la nature. Chez les esprits aussi différents que Paracelse

59. Maurice SCEVE, *Microcosme*, III, 867-878.

60. Bernard PALISSY, *Discours admirables*, épître au lecteur, dans Bernard PALISSY, *Œuvres complètes, édition conforme aux textes originaux imprimés du vivant de l'auteur, avec des notes et une notice historique* par Paul-Antoine CAP, Nouveau tirage augmenté d'un avant-propos par M. Jean ORCEL, Paris, Blanchard, 1961, p. 132-133.

(1493-1541) et Francis Bacon (1561-1621) la dignité sociale des métiers induit leur promotion épistémologique.

De Paracelse, on connaît la critique acerbe de la science aristotélico-galénique. Mais à bien des égards, son œuvre est une irruption sauvage des savoirs non doctes dans la philosophie naturelle et la médecine.

Pour Paracelse[61], l'homme est entre Dieu et la nature. Deux lumières le guideront donc à la recherche du savoir « L'homme ne trouve pas seulement la joie dans la lumière de la nature, mais aussi dans la lumière qui participe de la puissance divine, et doit vivre dans les deux lumières, l'une ne nuisant nullement à l'autre, car les deux sont unies comme le sont mari et femme ». Les deux lumières n'est font qu'une seule, et c'est Dieu et la nature qui l'allument dans l'homme accueillant. En voyant les choses dans la lumière de la nature, il verra les vertus, les secrets, les merveilles, ce qu'est la maladie et ce qu'est le remède, sans devoir faire de conjectures. Il apprendra de ceux qui côtoient la nature et la laissent parler, sorciers, vagabonds, artisans, mineurs et paysans. Le médecin sera aussi alchimiste, parce que l'alchimiste s'inscrit dans la vie et l'œuvre de la nature. Comme elle, il essaie de séparer le pur de l'impur, de rendre parfait ce qui est imparfait. Dans l'œuvre de Paracelse, les références sont innombrables aux humbles gens qu'il côtoya au fil de sa vie errante.

Francis Bacon (1561-1626) revendique nettement la valeur cognitive des arts mécaniques. Depuis deux mille ans, les sciences stagnent tandis que les arts mécaniques n'ont cessé de progresser. « Nous voyons partout que dans les arts mécaniques qui ont pour base la nature même à la lumière de l'expérience, les choses prennent un cours tout opposé ; car ces derniers arts (tant qu'ils plaisent) sont comme remplis d'un esprit vivifiant qui les fait se développer et croître sans interruption ; d'abord grossiers, puis commodes, puis cultivés et perpétuellement augmentés »[62]. Les seuls hommes qui se mêlent d'étudier la nature – en travaillant sur elle – ce sont tout au plus le mécanicien, le mathématicien, le médecin, l'alchimiste et le magicien ; mais tous ont eu peu de succès, parce qu'ils travaillaient à tâtons[63]. « Dans la collection de faits qu'on a tirée des arts mécaniques et qui semble si riche, nous découvrons, nous, une grande pauvreté par rapport à cette sorte de faits qui peuvent contribuer à l'information de l'entendement. L'artisan ne se soucie aucunement de la recherche de la vérité. Il ne tend son esprit et n'étend la main que

61. PARACELSE, *Philosophia sagax*, 8, ed. K. SUDHOFF & W. MATTHIESSEN, *Paracelsus, Theophrast von Hohenheim, Sämtliche Werke*, t XII, Munich-Berlin, 1929 réimp. 1996, p. 11, trad. L. Braun.

62. *Novum organum*, I, 74, p. 280 Spedding et Ellis.

63. *Novum organum*, I, 5, p. 242.

sur ce qui peut lui être de quelque service dans sa profession »[64]. Il rassemble des *experimenta*, c'est-à-dire des procédés efficaces, mais ce sont des *experimenta fructifera* « procédés fructueux » plutôt que des *experimenta lucifera* « procédés lumineux »[65].

La reconstruction du savoir doit s'appuyer sur une histoire, au sens étymologique d'enquête, naturelle et expérimentale, à savoir sur la collection la plus complète des faits naturels et techniques[66]. « L'histoire mécanique est, par rapport à la philosophie naturelle, d'une utilité vraiment radicale et fondamentale. Mais par philosophie naturelle j'entends une philosophie qui ne s'évanouisse pas en fumée de spéculations subtiles ou sublimes, mais une philosophie qui mette la main à l'œuvre et qui travaille efficacement à adoucir les misères de la condition humaine, car par là elle ne serait pas d'une simple utilité actuelle en apprenant à lier ensemble ou à transporter les observations d'un art dans un autre art pour en rendre l'usage commun à tous et à en tirer de nouvelles commodités, ce qui ne peut pas manquer d'arriver lorsque les expériences de divers arts auront été soumises à l'observation et aux réflexions d'un seul homme, mais de plus elle servirait comme de flambeau pour la recherche des causes et la déduction des axiomes des arts. En effet, de même qu'on ne peut guère apercevoir et saisir le naturel d'une personne qu'en la mettant en colère et que le Protée de la fable, qui prend tant de formes différentes ne se montre sous sa véritable forme que lorsqu'on lui met pour ainsi dire les menottes, de même aussi, la nature, irritée et tourmentée par l'art, se manifeste plus clairement que lorsqu'on l'abandonne à elle-même et qu'on lui laisse toute sa liberté »[67]. Ainsi, la technique a une valeur cognitive, puisque la *natura vexata* révèle plus de secrets que la *natura libera*.

Encore faut-il dépasser la pure collection de faits et l'application immédiate des procédés, qui résulte le plus souvent du hasard et du tâtonnement. Lorsqu'un fait technique passe d'un champ de savoir à un autre, le transfert implique un changement de sens et de fonction[68]. « C'est ainsi qu'il faut, rassemblant une multitude de faits de toute espèce, tâcher d'abord d'en extraire la connaissance des causes et des principes. Il faut, en un mot, s'attarder d'abord aux expériences lumineuses et non aux expériences fructueuses. Les principes une fois bien saisis et solidement établis fournissent à la pratique de nouveaux moyens, non d'une manière étroite, serrée et comme un à un, mais largement et avec profusion ; ils traînent avec eux des multitudes et comme

64. *Novum organum*, I, 99 p. 309.
65. *Novum organum*, I 70, p. 276.
66. *De augmentis scientarum*, II, 2, p. 495-498.
67. *De augmentis*, II, 2, p. 500.
68. *Novum organum*, I, 70, p. 286.

des armées de nouveaux procédés ». Il s'agit donc d'agréger aux procédés connus et efficaces d'autres expériences qui, sans être d'un véritable usage, servent à la découverte des axiomes[69]. Il convient de procéder pas à pas de manière à dégager les principes des arts mécaniques[70]. « Notre méthode (...) n'est pas d'extraire des procédés déjà connus d'autres procédés, des expériences déjà faites d'autres expériences, à la manière des empiriques, mais de déduire d'abord des expériences et des procédés déjà connus les causes et les axiomes ; puis, de ces axiomes et de ces causes de nouvelles expériences et de nouveaux procédés, comme de légitimes interprètes de la nature ».

69. *Novum organum*, I, 117, p. 308.
70. *Novum organum*, I, 117, p. 308.

TROISIÈME PARTIE

LES ORIGINES ARTISANALES DE LA RÉVOLUTION SCIENTIFIQUE

Les origines artisanales de la Révolution Scientifique

Les historiens de la Révolution Scientifique du XVIIe siècle se sont essentiellement préoccupés de cosmologie, de physique et de mathématique. En cosmologie, il ont analysé l'instauration du paradigme héliocentriste ; en physique, la science nouvelle du mouvement ; en mathématique, l'outillage qui assure sa formalisation. Mais la Révolution Scientifique est plus que cela. C'est, à côté du calcul, l'élaboration et la généralisation de la méthode expérimentale. C'est une théorie de la matière segmentée en éléments discontinus, dont les déplacements dans l'espace et dans le temps expliquent tous les phénomènes physico-chimiques. C'est enfin un modèle du monde et de l'homme conçu à l'image de la machine. Ces trois aspects de la « nouvelle science » sont issus de la pratique technicienne.

Certes, il suffit de parcourir les Présocratiques, Aristote, Théophraste ou Albert le Grand pour faire une ample moisson de faits d'artisanat. Tous trois ont visité les ateliers et en ont ramené des faits et des problèmes. Dès 400 avant J.-C. le traité pseudo-hippocratique *Du Régime* trace un long parallèle entre les métiers et les fonctions physiologiques du corps humain dans l'idée que l'art imite la nature humaine[1].

Aristote a recueilli quantité d'informations ponctuelles auprès des éleveurs, des chasseurs et des pêcheurs sans qu'ils fassent contrepoids aux sources écrites et aux préjugés[2]. Théophaste est allé plus loin en écrivant « en général nous devons comprendre la matière en vertu d'une analogie avec les arts, ou quelque autre similarité qui peut exister »[3]. Ses traités *Des pierres*[4]

1. HIPPOCRATE, *Du régime* I, 11-24, t. VI, p. 480 sq., Littré, voir R. JOLY, *Recherches sur le traité pseudo-hippocratique du Régime*, Paris, Les Belles Lettres, 1960, p. 52-75.

2. Simon BYL, *Recherches sur les grands traités biologiques d'Aristote : sources écrites et préjugés*, Bruxelles, Académie Royale de Belgique, 1980.

3. THEOPHRASTE, *Métaphysique*, 8 a 19-20.

4. *Theophrastus on stones*, ed. and transl. by E. R. CALEY and J. F. C. RICHARDS, Columbus (Ohio) 1956 ; *Theophrastus de lapidibus*, ed. D. E. EICHHOLZ, Oxford, 1965.

et *Du Feu*[5] sont des collections de fiches récoltées auprès des mineurs, des carriers, des fondeurs et des charbonniers.

Quant à Albert le Grand (1190-1280), il a parcouru à pied l'Europe entière pendant des décennies en observateur boulimique[6].

Mais ces faits ont très rarement une valeur critique et illustrent les théories au lieu de les remettre en question. Les fiches documentaires rebelles à la théorie sont dès l'Antiquité rassemblées dans les recueils des paradoxographes « rapporteurs de faits contraires à l'opinion »[7], au Moyen Âge de *Mirabilia* « choses étonnantes »

En revanche, les nouvelles conditions économiques du XVIe siècle imposent un rapprochement. L'idée d'une subalternation des pratiques à la théorie cède le pas à l'enthousiasme manufacturier. Les savoirs techniques, jusque-là confidentiels et aléatoires, s'imposent une mise par écrit, une codification, un mode d'exposition structuré au départ de principes. La constitution de sommes techniques fait pendant aux sommes philosophiques et théologiques. En même temps qu'elles consignent les bonnes pratiques, elles les figent et en tracent une représentation. Ce n'est point sur la pratique elle-même, mais sur sa représentation que raisonne le philosophe. Dans ce contexte, les « faits maudits » prennent une valeur cognitive et constituent autant d'arguments contre l'ancien ordre des choses.

5. V. COUTANT, *Theophrastus de igne. A Post Aristotelian view of the Nature of Fire*, Assen, 1971. Sur l'intégration de ces faits à sa pensée, voir P. STEINMETZ, *Die Physik des Theophrast*, Berlin, 1969 (*Palingenesia* 1).

6. J. A. WEISHEIPL, *Albertus Magnus and the sciences*, Toronto, 1980.

7. A. GIANNINI, *Paradoxographorum Graecorum Reliquiae*, Milano, 1965.

Chapitre 1

LES ORIGINES TECHNICIENNES DE LA MÉTHODE EXPÉRIMENTALE

La notion d'expérience à l'âge classique n'est pas au-dessus de tout soupçon. Le cas le plus fameux est sans doute l'expérience sur la chute des corps que Galilée aurait réalisée à la Tour Penchée de Pise, selon son biographe Vincenzo Viviani. Aristote affirmait que si deux poids différents de la même matière tombaient de la même hauteur, le plus lourd atteindrait la terre avant le plus léger, et cela en proportion de leur poids. Galilée aurait démontré qu'ils arrivaient au sol en même temps. Dans un article fameux[1], Alexandre Koyré a démontré que cette expérience n'avait jamais eu lieu, car les savants qui au XVIIe siècle voulurent la reproduire arrivèrent à des résultats juste opposés, à cause de la résistance de l'air[2]. Galilée est coutumier du fait. Il présente comme réalisées des expériences qu'il a seulement imaginées. L'expérience du plan incliné est pareillement suspectée.

Même équivoque du côté des sciences de la vie avec la fameuse expérience du saule du chimiste brabançon Jean-Baptiste Van Helmont (1579-1644) entrée aujourd'hui comme exemple dans les manuels de biologie[3]. « J'ai appris par ce procédé mécanique que tous les végétaux proviennent immédia-

1. A. KOYRE, « Galilée et l'expérience de Pise. A propos d'une légende », dans *Annales de l'Université de Paris*, Paris, 1937, p. 442-453, repris dans *Études d'histoire de la pensée scientifique*, Paris, Gallimard, 1973, p. 213-223.

2. Voir cependant M. CAMEROTA, M. O. HELBING, « The leaning tower experiment in context : Borro, Buonamici and Galileo on falling bodies », dans P. D. NAPOLITANI, P. SOUFFRIN (eds), *Medieval and Classical Traditions and the Renaissance of Physico-mathematical sciences in the 16th century. Proceedings of the XXth International Congress of History of Science*, vol. VIII, p. 141-149.

3. Jean-Baptiste VAN HELMONT, *Ortus medicinae*, Amsterdam, Louis Elzevier, 1648, p. 108-109 : *Dageraad ofte nieuwe opkomst der geneeskonst*, Rotterdam, Joannes Naeranus, 1660, p. 60.

tement et matériellement du seul élément eau. J'ai pris un vase de terre. J'y ai mis 200 livres de terre séchée au four que j'ai humectée d'eau de pluie et j'y ai planté un tronc de saule pesant 5 livres, et après 5 ans, l'arbre qui avait poussé pesait 169 livres et environ 3 onces. Le vase de terre a toujours été humidifié par la seule eau de pluie ou l'eau distillée. Il était large, enfoncé dans le sol, et pour que la poussière, en volant, ne se mêle pas à la terre, une lame de fer recouverte d'étain et percée de trous nombreux couvrait les bords du vase. Je n'ai pas compté le poids des feuilles tombées pendant 4 automnes. Finalement, je séchai à nouveau la terre du vase, et je retrouvai les mêmes 200 livres moins environ deux onces. Donc les 164 livres de bois, d'écorce et de racines étaient venues de l'eau seule ». Non seulement l'expérience est difficile à réaliser, mais Van Helmont l'a copiée dans le *De staticis experimentis* de Nicolas de Cusa[4], qui lui-même l'avait trouvée dans un roman hermétiste de la basse Antiquité, les *Recognitiones* d'un pseudo Clément d'Alexandrie[5].

Pour l'expérience, les Académies se réclameront, jusqu'au XVIIIe siècle, de Francis Bacon. Ainsi, Christian Huygens donne pour tâche à l'assemblée de physique la tâche de « travailler à l'histoire naturelle à peu près selon le dessein de Verulamius. Cette histoire consiste en expériences et en remarques et est le seul moyen pour parvenir à la connaissance des causes de tout ce que l'on voit dans la nature »[6]. Mais on a vu plus haut que le sens d'*experimentum* chez Bacon était très large, puisqu'il comprend à la fois les procédés efficaces des magiciens, des alchimistes, des artisans et les procédés concertés par le savant pour résoudre un problème[7]. Comme l'a observé Benjamin Farrington, l'*experimentum* baconien désigne *any kind of purposive interference with nature*, toute espèce d'interférence délibérée avec la nature[8].

Dans aucun de ces cas, il ne s'agit d'expérimentation au sens moderne, dans sa définition traditionnelle. « Le fait de provoquer, en partant de certai-

4. R. C. BENEDICT, « The first experiment in plant physiology », dans *Science*, 80 (1939), p. 411-412 : H.E. HOFF, « Nicolaus of Cusa, van Helmont and Boyle : the first experiment of the Renaissance in quantitative biology and medicine », dans *Journal of the History of Medicine*, 19 (1964), p. 99-117 ; H.M. HOWE, « A Root of Helmont's Tree », dans *Isis*, 56 (1965), p. 408-419 ; M.T. WALTON, « Boyle and Newton on the transmutation of water and air from the root of Helmont's tree », dans *Ambix*, 27 (1980), p. 11-18.

5. C. HÜNEMÖRDER, « Studien zur Wirkungsgeschichte biologischer Motive in den Pseudo-Klementinen », dans *Medizinhistorisches Journal*, 13 (1978), p. 24-28.

6. *Œuvres de Christiaan Huygens, publiées par la Société Hollandaise des Sciences*, t. VI, p. 95 ; t. XIX, p. 268, 270, voir t. IX, p. 124.

7. M. FATTORI, *Lessico del Novum Organum di Francesco Bacone*, Rome, Ateneo, 1980, p. 169-174.

8. B. FARRINGTON, *Francis Bacon, philosopher of industrial science*, New York, 1949, p. 92-93 ; 110-112.

nes conditions bien déterminées, une observation telle que le résultat de cette observation, qui ne peut être assigné d'avance, soit propre à faire connaître la nature ou la loi du phénomène étudié »[9]. Cette définition fait écho à la première partie de l'*Introduction à l'étude de la médecine expérimentale* de Claude Bernard : « l'expérience n'est au fond qu'une observation provoquée dans un but quelconque. Dans la méthode expérimentale, la recherche des faits, c'est-à-dire l'investigation, s'accompagne toujours d'un raisonnement, de sorte que le plus ordinairement l'expérimentateur fait une expérience pour contrôler ou vérifier la valeur d'une idée expérimentale. Alors on peut dire que, dans ce cas, l'expérience est une observation *provoquée* dans un but de contrôle »[10].

En réalité, les procédures expérimentales de l'âge classique sont issues de plusieurs traditions : des méthodes de vérification et de contrôle pratiquées par les essayeurs ; des démonstrations utilisant des supports mécaniques et des instruments chez les ingénieurs ; les *experimenta* proprement dits, c'est-à-dire toute espèce de procédés avérés, attestés, mais de cause inconnue, dont la légitimité repose uniquement sur une efficacité réelle ou prétendue. Le vocabulaire a son importance, car il définit la fonction de ces procédures dans le discours scientifique : investigation, vérification et contrôle, confirmation, validation.

La tradition des essayeurs

Galilée intitule l'essayeur (*Il saggiatore*) le traité où il met à l'épreuve les systèmes du monde. La première académie vouée aux sciences expérimentales s'intitule Accademia del Cimento[11], par référence au cément utilisé pour essayer l'or, et elle publie des *saggi*, c'est-à-dire des essais ou épreuves[12].

L'art de l'essayeur (*assaying*, *Probirkunst*) a pour but d'évaluer la pureté d'une substance et de déterminer la nature et la quantité des constituants d'un mélange. C'est une procédure de vérification de la qualité, de la composition, du fonctionnement des objets d'usage. L'essai est l'opération par laquelle on

9. M. LALANDE, *Vocabulaire technique et critique de la philosophie*, 9e éd., Paris, 1962, p. 321-323, s.v. expérience. *Cf.* R. LENOBLE, *Essai sur la notion d'expérience*, thèse, Paris, 1943.

10. Claude BERNARD, *Introduction à la médecine expérimentale*, Paris, J. B. Baillère et fils, 1865, p. 36.

11. W. E. KNOWLES MIDDLETON, *The Experimenters. A Study of the Accademia del Cimento*, Baltimore, 1971, p. 50-51.

12. W. E. KNOWLES MIDDLETON, « The Title of the *Saggi* », dans *British Journal for the History of Science*, 4, 15 (1969), p. 283-286.

s'assure des qualités, des propriétés d'une chose (essai analytique) ou de la manière d'user d'une chose en la plaçant dans les conditions prévues pour son utilisation (essai comparatif). Le champ d'application est aussi large que celui de la falsification : métaux, minerais et pierres précieuses, eau, vin, huile, graisse, lait, fromage, beurre, vinaigre, parfums, remèdes, légumes, pigments, bref tout ce qui risque d'être altéré ou falsifié. Les méthodes organoleptiques (toucher, saveur, odeur, vue, son) furent très tôt complétées par des méthodes physico-chimiques. Vérifier la qualité se dit en grec *dokimazo*, d'où le nom de docimastique qui désigne l'art des essais.

L'action d'essayer se dit en grec *peiraomai*. Par conséquant, *peira* est plus restreint que le français *expérience* dans son sens scientifique. Il ne correspond pas non plus au sens vulgaire du mot expérience, connaissance acquise par un contact, actif ou passif, avec la réalité, qui en grec est *empeiria*. La procédure qu'il recouvre est bien esquissée par le poète Théognis dans le domaine moral[13] : « La réputation en ce monde est un grand mal, l'essai, par contre, un bien suprême ; beaucoup d'hommes ont la réputation de vertu sans être passés à l'épreuve. Mais si, au contact de la pierre de touche, et frotté à côté du plomb, tu es d'or affiné au feu, tu seras pour tous un homme de bien ». On peut trouver une autre allusion dans la *Médée* d'Euripide « O Zeus, pourquoi as-tu fourni aux hommes des moyens sûrs de reconnaître l'or de mauvais aloi, alors que les hommes ne portent sur le corps aucune marque naturelle à quoi distinguer le pervers »[14]. L'équivalent latin est *probatio*, rarement *examen*, ou *experimentum*. En latin médiéval on trouve *assaium*.

L'essai est particulièrement d'application dans les mines pour déterminer la richesse et la composition d'un échantillon de minerai avant l'exploitation du filon, et en métallurgie pour déterminer le titre d'un alliage et l'aloi d'une monnaie. Le nom de l'essayeur, *ebbum*, « le prud'homme », « l'homme de confiance » contrôlant les matières premières apparaît au IIe millénaire avant notre ère dans les archives royales de Mari, en même temps que l'essai au feu[15]. Les naturalistes antiques y font de fréquentes allusions[16]. Au Moyen Âge occidental, les méthodes se trouvent régulièrement décrites dans les ins-

13. THEOGNIS, 1104 A.

14. EURIPIDE, *Médée*, 516-519.

15. J. M. DURAND, « Relectures d'ARMT VIII, II, ARMT VIII, 89 et le travail du métal à Mari », dans *MARI 2, Recherche sur les civilisations*, Paris, 1983, p. 123-139.

16. Les attestations en sont recueillies par Michel STEPHANIDES, « L'essai des substances chez les Anciens, I. Notions générales », dans *Archeion*, 11 (1929), p. 375-394 ; II. « Spécialités », *ibid.*, 12, (1930), p. 234-266. Les sources arabes sont plus riches encore, par exemple al-Hamdânî, *Die beiden Edelmetalle Gold und Silber*, éd. Christopher TOLL, Uppsala, 1968 (*Acta Universitatis Upsaliensis, Studia Semitica Upsaliensia*, 1).

tructions sur la monnaie comme le *Dialogus de Scaccario* (XIIe siècle)[17] ou le *Red Book of the Exchequer* (commencé au XIIIe siècle)[18] dans les manuels de marchands comme la *Practica della mercatura* de Francesco Balducci Pegolotti[19], et surtout dans la *Rezeptliteratur* et les recueils de *Secrets*[20] Avec l'imprimerie apparaissent les premiers manuels, *Kunstbücher* et *Probierbücher.* D'abord simples recueils de recettes passablement confus[21], ils s'ordonnent en traités véritables[22] tandis que les grands métallurgistes du XVIe siècle consacrent à l'essai des sections importantes de leurs traités[23]. Les manuels complets de docimastique apparaissent au XVIIe siècle[24]. La *Docimastice metallica* fait partie intégrante de l'encyclopédie chimique de Libavius, l'*Alchemia.* C'est donc une tradition cohérente, connue par des documents nombreux mais peu étudiée.

La méthodologie de l'essayeur est d'atteindre l'exactitude par une combinaison de méthodes approchées[25]. La pierre de touche, décrite par Théophraste[26] et Pline l'Ancien[27] consiste à rayer le métal à l'aide d'une

17. *Dialogus de Scaccario. The course of the Exchequer. Together with Constitutio domus Regis. The establishment of the Royal Household*, ed. C. JOHNSON, with corr. By F.E.L. CARTER and D.R. GRENNWAY, London, 1983.

18. *The* De moneta *of Nicholas Oresme and English Mint Documents*, ed. C. JOHNSON, London, 1956.

19. Francesco Balducci PEGOLOTTI, *La practica della mercatura*, ed. A. EVANS, Cambridge, Mass., 1936 (*The Mediaeval Academy of America publications*, n°24).

20. Pour le Moyen Âge, un petit nombre de textes ont été édités. H. HEDFORS, *Compositiones ad tingenda musiva*, Uppsala, 1932 ; Cyril SMITH et John G. HAWTHORNE, *Mappae clavicula*, Philadelphie, 1974 (*Transactions of the American Philosophical Society*, N.S., 64/4). Pour le XVIe siècle, voir James FERGUSON, « Some Early Treatises on Technological Chemistry », dans *Proceedings of the Philosophical Society of Glasgow*, 19 (1887), p. 126-159 ; 43 (1911), p. 232-258 ; 44 (1912), p. 149-189.

21. Bibliographie dans Ernest DARMSTAEDTER, *Berg-, Probir- und Kunstbüchlein*, München, 1926 (*Münchener Beiträge zur Geschichte und Literatur der Naturwissenschaften und Medizin*, 2/3) ; Cyril Stanley SMITH et A.G. SISCO, *Bergwerk- und Probirbüchlein*, New York, 1949.

22. Lazarus ERCKER, *Das kleine Probierbuch von 1556. Das Münzbuch von 1563*, ed. Paul Reinhard BEIERLEIN et Heinrich WINCKELMANN, Bochum, 1968 ; Ciriacus SCHREITMANN, *Probirbüchlein*, Frankfurt, 1578 ; Modestin FACHS, *Probirbüchlein*, Leipzig, 1595.

23. Pour citer les plus célèbres, Vannoccio BIRINGUCCIO, *De la pirotechnia*, Venise, 1540, livre III ; Georgius AGRICOLA, *De re metallica*, Bâle, 1556, livre VII.

24. Olaus BORRICHIUS, *Docimastice metallica*, Copenhague, 1677 ; Johann Andreas CRAMER, *Elementa artis docimasticae*, Leiden, 1730.

25. Pour une étude technique détaillée, voir Robert HALLEUX, « Méthodes d'essai et d'affinage des alliages aurifères dans l'Antiquité et au Moyen Âge », dans *Cahiers du Centre Ernest Babelon*, 3 (1984), p. 39-77. Pour une description moderne, A RICHE, *L'art de l'essayeur*, Paris, 1888.

26. THEOPHRASTE, *De lapidibus*, 45-47.

27. PLINE, *Hist. Nat.*, XXXIII, 126.

pierre rugueuse[28] et à comparer avec la rayure produite sur un échantillon de titre connu (touchau). Sans attaque chimique, elle opérait donc par simple transfert de matière du lingot ou du touchau à la pierre, ce qui dépendait de la dureté des deux solides en présence, de la rugosité de la pierre, du coefficient du frottement, de la pression exercée[29]. C'était donc surtout affaire d'expérience et de coup d'œil. Aussi, bien qu'Agricola décrive le procédé en détail[30], Biringuccio exprime, à son sujet, un certain scepticisme[31].

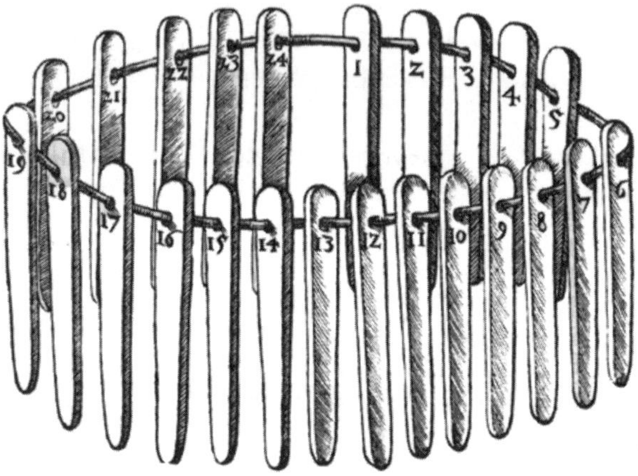

Trousseau de touchaux d'après AGRICOLA, *De re metallica*, Bâle, 1556, collection CHST

La méthode des poids spécifiques, mise au point par Archimède, est typiquement une méthode d'essai non destructif. Au témoignage de Vitruve « Lorsque Hiéron régnait à Syracuse, le prince, ayant heureusement réussi dans toutes ses entreprises, fit vœu dans un certain temple d'une couronne d'or aux dieux immortels. Il convint avec un ouvrier d'une grande somme d'argent pour la façon et lui donna l'or au poids. Cet artisan livra son ouvrage le jour qu'il l'avait promis au roi, qui le trouva parfaitement exécuté, et la couronne ayant été pesée, parut être du poids de l'or qui avait été donné, mais

28. Voir par exemple, SCHREITMANN, *Probirbüchlein* (*cf.* n. 21), f. 81 v. Des pierres de touche ont été découvertes dans des fouilles médiévales, voir Volker ZEDELIUS, « Merowingerzeitliche Probiersteine im nördlichen Rheinland », dans *Der Anschnitt*, 33 (1981), p. 2-6.

29. A. RICHE, *Monnaies, médailles et bijoux. Essai et contrôle des ouvrages d'or et d'argent*, Paris, 1889, p. 277-291.

30. AGRICOLA, *De re metallica*, p. 198 et suiv. Il le considère comme une méthode moins sûre que le feu, mais rapide et pratique.

31. BIRINGUCCIO, *Pirotechnia*, f. 55 r.

lorsqu'on éprouva l'or par la pierre de touche, on reconnut que l'ouvrier avait remplacé une partie de l'or pour mettre autant d'argent à la place ». Comment déterminer le titre de l'alliage sans détruire la couronne ? Sorti de sa baignoire, où il avait trouvé le principe qui porte son nom, Archimède aurait fait façonner des masses d'or et d'argent de même poids que la couronne. Il les aurait plongées dans l'eau en mesurant et pesant le volume d'eau déplacé ou plutôt le volume d'eau qu'il fallait y mettre après avoir retiré le métal. Ensuite il aurait mesuré et pesé l'eau déplacée par la couronne « calculant enfin, d'après ses expériences, de combien la quantité d'eau que la couronne avait fait sortir était plus grande que celle que la masse d'or avait aussi fait sortir, il connut combien il y avait d'argent mêlé avec l'or, et il fit voir clairement ce que l'ouvrier en avait dérobé ». Archimède n'a expliqué sa méthode dans aucun ouvrage. Pour la retrouver, divers procédés furent mis au point dans l'Antiquité et le Moyen Âge arabe et occidental : méthode par débordement, balance hydrostatique, comparaison de volumes égaux. Ils firent l'objet de recherches poussées du point de vue mathématique[32], mais leur application pratique faisait problème. Les textes qui décrivent la balance hydrostatique se limitaient à des déterminations frustes, de l'ordre de 1/20, pour les alliages or-argent[33]. En fait, pour que la densité soit proportionnelle à la concentration, il faut que le système cristallographique reste le même, comme c'est le cas pour les alliages Au/Ag et Au/Cu. En revanche, pour les alliages Ag/Cu et surtout les alliages ternaires Au/Ag/Cu, les diagrammes de phases sont complexes et la méthode réussit par chance.

Les méthodes les plus fiables étaient destructives, cément, coupelle, eau forte et antimoine. La cémentation, utilisée depuis le VIe siècle av. J.-C. pour l'essai de l'or, consiste à chauffer l'alliage aurifère présenté en granules ou en feuilles minces, avec une préparation qui attaque les métaux vils associés à l'or, spécialement l'argent. C'est pourquoi les céments contiennent des chlorures (sel de cuisine, sel ammoniac)[34] du soufre et les divers sulfates que

32. Pour les contributions arabes voir B. MELLI, *La détermination des poids spécifiques chez al-Biruni*, thèse, Paris, 1979 ; Eilhard WIEDEMANN, *Aufsätze zur arabischen Wissenschaftsgeschichte*, 2 tomes, ed. Wolfdietrich Fischer, Hildesheim-New York, 1970 (*Collectanea*, VI/1-2) ; pour le Moyen Âge occidental Ernest A. MOODY et Marshall CLAGETT, *The Mediaeval Science of Weights (Scientia de ponderibus)*, Madison, 1952 (*The University of Wisconsin Publications in Medieval Science*, t. 1) ; M. CLAGETT, *The Science of Mechanics in the Middle Ages*, Madison, 1959 (*The University of Wisconsin Publications in Medieval Science*, t. 4).

33. Voir les textes dans R. HALLEUX, « Méthodes d'essai », p. 43-44.

34. Depuis mon article cité *supra*, j'ai repéré de nouvelles attestations des mêmes compositions dans divers manuscrits de la Bibliothèque Nationale de Paris, BN lat. 6552, s. XIII, f. 42 v ; 6749 B, s. XV, f. 72 v ; 7147, f. 69-71 v ; 12993, s. XVI, f. 71 v-72 ; n. acq. lat. 1293, s. XV, f. 39 r-v. Voir aussi PEGOLOTTI, *Practica*, p. 331-340. L'expression *cementum regale* apparaît pour la première fois chez Arnaud DE VILLENEUVE, « Quaestiones », dans J. J. MANGET, *Bibliotheca chemica curiosa*, Genève, 1702, t. I, p. 701.

les médiévaux appelaient aluns, vitriols ou atraments, avec régulièrement de la brique pilée.

La coupellation, mise au point au IIe millénaire pour la métallurgie du plomb argentifère, est une fusion oxydante dans un récipient poreux, généralement une coupelle de cendrée, d'où son nom médiéval de *cineritium*. On ajoute du plomb à l'alliage à essayer. Le plomb s'oxyde en litharge qui entraîne les oxydes des autres métaux. La litharge est absorbée par la coupelle, ou bien déborde et tombe dans le four, ou encore est retirée par immersion de ringards en fer, l'or et l'argent restant inaltérés[35]. La coupelle est l'outil préféré des ateliers, et Biringuccio affirme qu'aucun maître des monnaies ne peut s'en passer. En latin, coupelle se dit *testa*, ce qui est l'origine de l'anglais *test*.

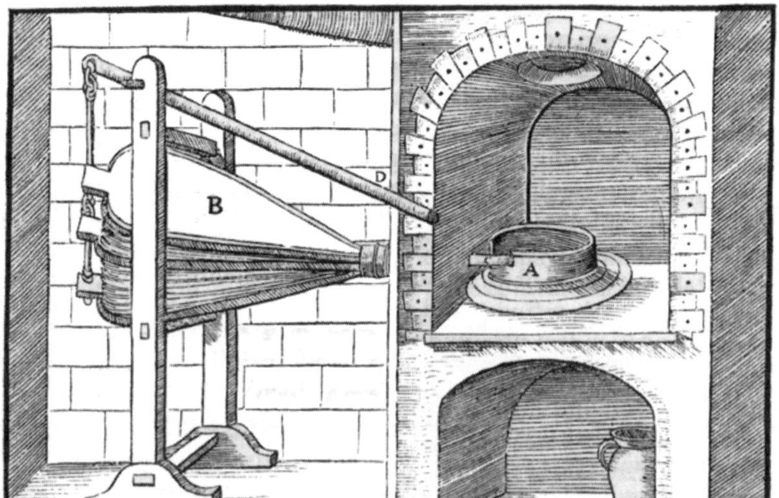

Fourneau d'essayeur avec coupelle d'après Georg Agricola, De re metallica, Bâle, 1556, collection CHST

A la fin du Moyen Âge, deux moyens supplémentaires, l'eau forte et l'antimoine étaient venus compléter l'arsenal de l'essayeur. L'eau forte dissout les métaux alliés à l'or, mais non l'or lui-même. Le test à la stibine (sul-

35. Voir par exemple PEGOLOTTI, *Practica* (*cf.* n. 18), p. 335 et 339-342 ; SCHREITMANN, *Probirbüchelin*, p. 61. Dans le BN lat. 7149, s. XV, f. 1-2 v, une recette française s'intitule *sendres pour essayer de la monnoye*.

fure d'antimoine) repose sur le fait que l'argent possède une plus grande affinité pour le soufre que pour l'antimoine.

Par conséquent, si une épreuve isolée pouvait laisser une ou l'autre chance d'erreur, les tests combinés constituaient un réseau serré, par les mailles duquel l'or falsifié ne pouvait passer.

La pratique de l'essai s'intègre à la démarche alchimique, pour voir si le but est atteint, pour vérifier la pureté des substances ou dépister la falsification d'autrui. Ainsi, dans la *Summa perfectionis* du pseudo-Geber (Paul de Tarente, fin XIIIe siècle)[36], les épreuves sont bien plus nombreuses que dans les manuels de marchands, et certaines sont mises au point par l'auteur lui-même : *cineritium* (coupelle), *cementum* (cément), *ignitio* (comportement au feu avant fusion), *fusio* (point de fusion), *super vapores acutorum expositio* (exposition à des vapeurs corrosives), *extinctio* (immersion du métal chauffé dans des liquides corrosifs), *adurentis sulphuris in mixtione probatio* (affinité pour le soufre), *calcinationis et reductionis reiteratio* (calcination et retour à l'état métallique), *argenti vivi facilis aut difficilis susceptio* (amalgamation). En outre, l'auteur fait allusion, sans y insister, à la couleur, au poids, aux propriétés mécaniques (*extensio per malleum*). La description des opérations elle-même est simplement esquissée, et l'auteur s'en tient aux traits généraux. En revanche, le comportement de chaque métal dans chaque test est décrit, pas seulement pour l'or et l'argent.

Le champ d'application dépasse largement le contrôle des résultats. Il s'agit donc d'une véritable méthode d'analyse, dont les résultats sont tenus pour pertinents au niveau théorique. Par exemple, la définition des métaux, au premier livre de la *Summa* est tout entière fondée sur les résultats de l'essai. Il n'est que de comparer la définition de l'or et celle du plomb. « Nous disons donc que l'or est un corps métallique citrin, lourd, muet, brillant, également digéré dans le ventre de la terre, très longuement lavé par l'eau minérale, extensible sous le marteau, fusible, supportant le cément et la coupelle. De cette définition, déduisez que quelque chose n'est pas de l'or, s'il n'a pas toutes les causes et toutes les différences de l'or »[37]. Sur le plomb « Disons que le plomb est un corps métallique livide, terreux, lourd, muet, participant peu de la blancheur avec beaucoup de lividité, ne résistant pas à la coupelle et au cément, mou, facilement extensible dans toutes les directions par une faible compression, facile à fondre, et liquéfiable sans ignition »[38].

36. Ed. W. R. NEWMAN, *The Summa Perfectionis of Pseudo-Geber. A Critical Edition, Translation and Study*, Leiden, Brill, 1991.

37. Ps.-GEBER, *Summa perfectionis*, 7, p. 331-338 Newman.

38. *Ibid.*, 32, p. 342-343 Newman.

Le comportement des métaux dans les tests induit des conclusions sur leur structure microphysique, c'est-à-dire sur la dimension et l'assemblage des particules qui les constituent. Par exemple, la coupelle : « Les corps qui contiennent plus de terre élémentaire résistent moins bien parce que leur structure intime est moins serrée[39]. »

Si l'on connaît bien les procédés, il n'est pas aisé de reconstituer l'état d'esprit des praticiens, leur épistémologie. Il s'agit en effet d'une tradition où les manuels ont surtout valeur d'aide-mémoire[40]. Mais les idées de base dont s'inspire leur pratique apparaissent assez différentes de celles des philosophes naturels. Telle la notion de corps pur, qui n'est pas encore celle de corps simple, mais l'idée d'une limite à la décomposition. Par exemple, le *Livre rouge*[41] recommande à l'essayeur d'employer pour la coupellation du plomb stérile, lui-même essayé et reconnu, c'est-à-dire exempt d'or et d'argent. Tel aussi le recours à la quantification, imposé par les contraintes économiques et monétaires. Enfin, leur notion d'expérience est plus proche de la méthodologie moderne, par exemple dans la combinaison des méthodes et dans la multiplication des prélèvements[42].

Les méthodes d'épreuve du métal trouvent un parallèle frappant dans la pratique des teinturiers. Les produits tinctoriaux naturels présentent une grande variété de compositions et donc de nuances, et le problème de la qualité se complète de celui de la standardisation. Des officiers assermentés mélangeaient le lot de colorants pour le rendre homogène, y prélevaient une quantité standard correspondant à la moyenne d'une cuve et y plongeaient différentes pièces de tissus de qualité constante. Tout ceci sous un contrôle administratif omniprésent. La terminologie est intéressante : l'opération se dit « prouve » chez les drapiers flamands (dérivé de *probatio*), *assaiamentun* en latin. Commune au métal et à la teinture est la technique d'échantillonnage. L'échantillon s'appelle *experimentum*, et les manuscrits nous ont conservé l'image du *baculus experientie*, c'est-à-dire de la tige qui sert à prélever un échantillon[43].

Quoique les textes rapportent les procédés bruts sans contexte théorique, la démarche fondamentale de l'essayeur est nette. Si une épreuve isolée laisse

39. *Ibid.*, 83, p. 593 Newman. La perspective est délibérément corpusculaire.

40. Comme le reconnaît le *Tractatus nove monete* : *Hoc soli experti et per exercitium edocti possunt cognoscere.*

41. *Tractatus nove monete*, p. 67.

42. *Livre rouge* (*De moneta*, p. 81 (vers 1300)) : *Ad minus inde fiant tria assaia irreprehensibilia.*

43. Guy DE POERCK, *La draperie médiévale en Flandre et en Artois. I. La technique*, Bruges, 1951.

subsister l'une ou l'autre cause d'erreur, le risque d'erreur décroît par la combinaison des méthodes. S'agit-il d'expérimentation au sens moderne ? Il s'agit certes d'une observation provoquée, qui a une valeur cruciale ou décisive, lourde parfois de conséquences économiques et monétaires, et entourée de nombreuses précautions. Mais l'essayeur limite son ambition à la vérification des compositions, des qualités et des effets. Il ne fait pas de sa batterie de tests un instrument de découverte.

C'est dans le domaine de la médecine que l'essai des substances va fournir la base d'une véritable méthode de recherche. L'uroscopie antique et médiévale, c'est-à-dire le fait de mirer les urines dans un vase de verre, n'est guère qu'une méthode d'essai organoleptique assortie de la consultation de tables. En revanche, on peut dire que l'essai des substances curatives est le fondement même de la secte médicale des empiriques grecs.

Les conditions de production des médicaments aboutissaient à des produits impurs. Galien écrit[44] « Etant impossible de trouver un corps parfaitement pur, il faudrait examiner les substances qui y sont mêlées ». De plus, l'emploi particulièrement fréquent dans les remèdes depuis Hippocrate de substances exotiques, par définition rares et coûteuses, a suscité une très active industrie de la falsification depuis l'Antiquité jusqu'au XVIIIe siècle. Pline l'Ancien écrit[45] « Il était bien naturel que l'art des fraudes provoquât la multiplication des méthodes d'essai des matières ».

De Dioscoride[46] (Ier s.) à Pier-Andrea Mattioli[47] (XVIe s.), un herbier contient une liste de falsifications avec les moyens de les déceler. Il en ira de même pour le contrôle des drogues et des médicaments : l'incertitude des descriptions et des dénominations héritées des Anciens à travers cent intermédiaires, les confusions fréquentes entre substances voisines par le nom et l'apparence extérieure, le recours constant aux succédanés, la falsification répandue des drogues exotiques vont amener les pharmacologues comme Mattioli à un affinement des méthodes critiques. La réforme de la profession d'apothicaire et la constitution des pharmacopées de ville comme le *Ricettario fiorentino*[48] vont s'assortir de contrôles de qualité et de techniques d'analyses. La vérification de la composition d'une drogue simple n'est, en fait,

44. GALIEN, II, 183 Kuhn.

45. PLINE, XXXIII, 46.

46. *Pedanii Dioscuridis de materia medica libri quinque*, ed. M. WELLMANN, Berlin, 1907-1914, réimp. 1958, 3 vols.

47. J. STANNARD, « Dioscorides and Renaissance Materia Medica », in M. FLORKIN (ed.), *Materia Medica in the XVIthe Century*, Oxford, 1966, p. 1-27.

48. G. LAZZI, M. GABRIELE, *Alambicchi di Parole. Il Ricettario Fiorentino e dintorni*, Florence, Edizioni Polistampa, 1999.

qu'une condition préliminaire à la vérification de son efficacité. L'administration de remèdes ou de poisons à des hommes ou à des animaux n'est qu'un moyen de les éprouver[49]. Le premier aphorisme d'Hippocrate[50] *peira sphalerè* ne signifie pas, comme on l'a souvent prétendu, « l'expérience est trompeuse », mais « l'essai des thérapeutiques sur les malades est dangereux ». C'est l'interprétation de Galien[51] et du scholiaste Théophile[52] reprise par Charles Daremberg[53]. En revanche, après Hippocrate, l'évidence immédiate d'un effet sera pour l'école empirique un puissant antidote à l'incertitude et à la prolifération des théories. De cette secte, qui fleurit du milieu du IIIe s. av. J.-C. au IIe après, les fragments et témoignages rassemblés par Karl Deichgräber en 1930 et en 1965[54] peuvent être complétés par les commentaires de Jean d'Alexandrie[55] et d'Agnellus de Ravenne sur le *De sectis* de Galien[56].

Chez les Empiriques, la *peira* (essai) devient une véritable méthode d'investigation essentiellement en thérapeutique et plus particulièrement encore, en pharmacie[57]. Elle est, en effet, à la base du trépied empirique.

49. M. D. GRMEK, « Les expériences pharmacologiques dans l'Antiquité », dans *Archives Internationales d'Histoire des Sciences*, 35 (1985), p. 3-27.

50. HIPPOCRATE, *Aphorismes*, I, 1, t. IV, p. 458 Littré.

51. GALIEN, *In Hipp. Aphor.*, t. XVII, p. 346-347, 353 Kühn.

52. THEOPHILE, *In Hipp. Aphor.*, dans R. DIETZ, *Scholia in Hippocratem et Galenum* II, réimp. Amsterdam, 1966, p. 247.

53. C. DAREMBERG, *Les Aphorismes d'Hippocrate suivis des Aphorismes de l'école de Salerne*, Paris, 1935, p. 120.

54. K. DEICHGRÄBER, *Die Griechische Empirikerschule. Sammlung der Fragmente und Darstellung der Lehre. Um Zusäze vermehrter anastatischer Neudruck der Ausgabe von 1930*, Berlin, Zürich, 1965. Les suppléments sont surtout tirés du traité « sur l'expérience médicale » de Galien retrouvé en traduction arabe par R. WALZER, *Galen on medical experience*, Oxford UP, 1944. Sur la méthode des empiriques, on comparera les jugements de Heinrich VON STADEN, « Experiment and experience in Hellenistic Medicine », dans *Bulletin of the Institute of Classical Studies of the University of London*, 22 (1975), p. 178-199 et de Theresa PENTZOPOULOU-VALALAS, « Experience and causal explanation in Medical Empiricism », dans *Greek Studies in the Philosophy and History of Science*, éd. P. NICOLACOPOULOS, Dordrecht-Boston, Kluwer, 1990, p. 91-107.

55. Ed. C. D. PRITCHET, *Iohannis Alexandrini Commentaria in librum De sectis Galeni*, Leiden, 1982.

56. Ed. L. G. WESTERINK, *Agnellus of Ravenna. Lectures on Galen's De sectis*, Buffalo, 1982. Le rapport entre ces différents commentaires n'est pas véritablement clarifié. Voir le C.R. de M.T. D'ALVERNY, dans *Scriptorium*, 38 (1984), p. 361-366 et l'étude classique de O. TEMKIN, « Studies in Late Alexandrian medicine. I. Alexandrian commentaries on Galen's De sectis ad introducendos », dans *Bull. Hist. Med.*, 3 (1935), p. 405-430 et l'importante étude de N. PALMIERI, « Un antico commento a Galeno della scuola medica di Ravenna », dans *Physis*, 23 (1981), p. 197-296.

57. GALIEN, *De optima secta*, t. I, p. 131-132 Kühn ; PS. GALIEN, *Introducio sive medicus*, t. XIV, p. 677-678 Kühn ; DEICHGRÄBER, p. 100.

Comme on le sait, la démarche empirique a un triple fondement[58], l'« observation » (*tèrèsis*), c'est-à-dire l'« observation sur les concomitances de ce qui est utile », l'observation d'une concomitance entre l'application d'un remède et un effet thérapeutique ; la recherche documentaire (*historia*), c'est-à-dire le relevé des observations d'autrui ; le passage du semblable (*metabasis*), c'est-à-dire le transfert des connaissances acquises à des cas non encore abordés : on applique un remède éprouvé sur un mal à un mal semblable (de l'érysipèle à l'herpès), ou d'un lieu à un autre (du bras à la jambe), ou d'un remède à un autre semblable (des coings aux nèfles), ce qui est la base de la théorie du *quid pro quo*. Nous ne savons pas si les empiriques opéraient le transfert sur les deux variables à la fois, par exemple changer à la fois de membre et de remède[59].

Selon Galien, la *peira* se trouve à la base du trépied, mais il est bien évident que la réussite d'un essai laisse place à la coïncidence et à l'erreur d'interprétation. Pour les éviter, ils avaient établi des précautions sur les conditions de validité et une typologie des essais. Pour que l'essai soit valide, il faut qu'il ait eu lieu très souvent, toujours dans des conditions identiques et se comportant de la même manière (c'est-à-dire avec le même résultat)[60]. D'autre part, une intéressante typologie de l'essai nous est livrée par deux ouvrages de Galien, le *De sectis* et l'*Hypotypose empirique* traduite au XIVe siècle par Nicolas de Reggio sous le titre de *Subfiguratio empirica*[61]. Les empiriques distinguaient quatre types d'essai : *accidentel*, dû soit à la nature soit au hasard, *improvisé*, *imitatif*, *inspiré par une longue pratique*. L'essai *accidentel* est un accident involontaire dont on tire enseignement. L'accident peut être une réaction naturelle de l'organisme au cours du traitement, ou un événement fortuit : une chute provoque une hémorragie et soulage le malade. L'essai *improvisé* est volontaire, mais non délibéré, suggéré par un rêve dans les pratiques d'incubation ou par une envie. Le fiévreux a envie d'eau froide, on lui en donne, elle fait du bien. L'essai *imitatif* est volontaire et délibéré. Il consiste à répéter l'essai accidentel ou improvisé dans des conditions identiques de manière à découvrir sa fréquence. Le résultat est statistique. Ils distinguent « toujours, le plus souvent, à nombre égal

58. PS. GALIEN, *Introd.*, t. XIV, p. 679 Kühn = DEICHGRÄBER, p. 91 ; GALIEN, *De sectis* 2, t. I, p. 67-68 Kühn = DEICHGRÄBER, p. 95-96. Voir aussi CELSE, *De medicina*, préface, 37 et JEAN D'ALEXANDRIE, *In librum de sectis*, p. 32-34 Pritchet.

59. GALIEN, *Introductio*, t. XIV, p. 677-678 Kühn = DEICHGRÄBER, p. 100.

60. GALIEN, *De sectis*, 2, t. I, p. 66-69 Kühn = DEICHGRÄBER, p. 94-96. Voir aussi JEAN D'ALEXANDRIE, p. 28-29.

61. DEICHGRÄBER, p. 44-45. Il faut observer que le texte grec est reconstitué d'après le latin.

avec le contraire, et rarement »[62]. L'essai *fondé sur l'usage* implique un saut épistémologique. Se fondant sur la réussite des essais précédents, le praticien plonge dans l'inconnu en pratiquant la *metabasis*.

L'effort original des empiriques sera éclipsé par la puissante synthèse de Galien. Contre les empiriques, qui nient la possibilité de toute généralisation, Galien établit le dualisme du *logos* et de la *peira*[63]. Dans le domaine des médicaments simples, c'est le raisonnement qui permet d'établir à partir du témoignage des sens, le chaud, le froid, le sec et l'humide, et leur degré. En revanche, Galien ne poussera jamais la mathématisation des propriétés élémentaires jusqu'aux remèdes composés. Dans les grandes compositions héritées des pharmacologues alexandrins, le choix, les proportions, la préparation des substances restent l'affaire de tradition, c'est-à-dire d'effets constatés[64].

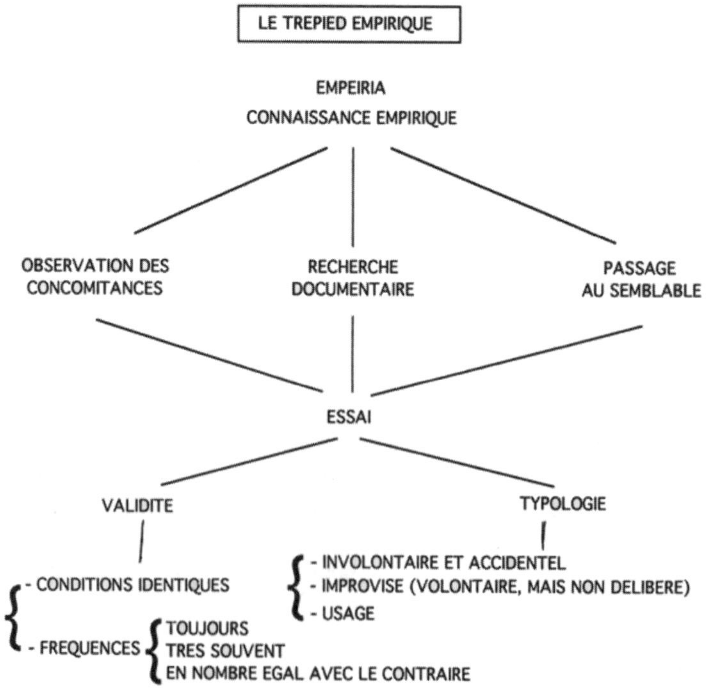

62. GALIEN, *Subfiguratio*, p. 45 *Deichgräber : ut sciatur utrum semper aut ut plurimum aut secundum utrumlibet aut raro euenerint.*

63. R. SIEGEL, *Galen's system of physiology and medicine*, Bâle, New York, 1968.

64. C. FABRICIUS, *Galens Exzerpte aus älteren Pharmakologen*, Berlin, New York, 1972.

Les empiriques sont redécouverts à la Renaissance à la fois par les ouvrages de leurs ennemis, comme Galien, et par la redécouverte du plus célèbre d'entre eux, le médecin Sextus Empiricus. Leur démarche, issue de la pratique de l'essai chez les apothicaires, féconde à la fois le scepticisme et la méthodologie de contrôle[65].

Instruments et modèles réduits, de la démonstration à l'investigation

L'emploi en science d'instruments, de machines et de modèles réduits est, dans notre pratique quotidienne, indissociable de la notion d'expérience. En réalité, si les instruments remontent à l'Antiquité, leur usage dans le discours scientifique n'a pas toujours été celui que nous connaissons aujourd'hui.

Mais, qu'est-ce qu'un instrument scientifique ? Il existe une définition célèbre de Gerard Turner « Une idée faite en laiton ». Cette définition considère l'instrument comme la transposition matérielle et tridimensionnelle d'une idée scientifique. Elle masque la complexité des rapports entre la théorie et la pratique : des outils deviennent des instruments ; des instruments passent dans la pratique industrielle d'abord, quotidienne ensuite. Le vocabulaire est ici éclairant : instrument vient du latin *instruere* (disposer, équiper), qui a donné aussi instruire. *Instrumentum*, c'est le mobilier, le matériel, l'outillage[66]. Un esclave est chez Varron un *instrumentum vocale*, un outil qui parle[67], tandis que l'intelligence est pour Cicéron un *instrumentum naturae*, un outil naturel[68]. Quant à outil, son sens étymologique est bien proche puisqu'il vient d'*ustensilis*, nécessaire à nos besoins. Le mot grec correspondant *organon* vient d'*ergon*, le travail, et contient une notion d'opérationnalité. C'est ainsi qu'il désigne à la fois nos organes et le grand ouvrage de logique d'Aristote, un outil pour parvenir à la connaissance.

L'instrument est un trait d'union entre expérience et théorie, entre connaissance pure et connaissance appliquée. Avec lui, la science devient tout à la fois plus solidaire de ses applications et plus tributaire des conditions matérielles de son élaboration. Le laboratoire le plus performant n'est-il pas celui qui a les meilleurs appareils ? L'instrument scientifique se trouve ainsi au centre d'un réseau complexe d'idées et de pratiques, et ce sont ses usages qui définissent sa spécificité.

65. Voir l'ensemble des communications réunies par P. F. MOREAU (éd.), *Le scepticisme aux XVI*e *et XVII*e *siècles*, Paris, Albin Michel, 2001.

66. *Thesaurus linguae latinae*, VII, 1, col. 2010-2015, s.v. *instrumentum*.

67. VARRON, *De agricultura*, I, 17.

68. CICERON, *Brutus*, 268.

L'instrument permet d'abord de mesurer, c'est-à-dire de suppléer au caractère qualitatif du témoignage de nos sens. Il introduit pour toute grandeur physique un repérage objectif permettant la comparaison et la quantification, c'est le cas de l'astrolabe, du thermomètre, du thermoscope et du baromètre. L'instrument permet ensuite d'agrandir la puissance de nos sens et de déceler des phénomènes que nous ne pourrions percevoir par nous-mêmes. C'est le cas du microscope ou de la lunette astronomique. Il permet enfin de faire des expériences. Dans les trois cas, on retrouve le milieu des ingénieurs.

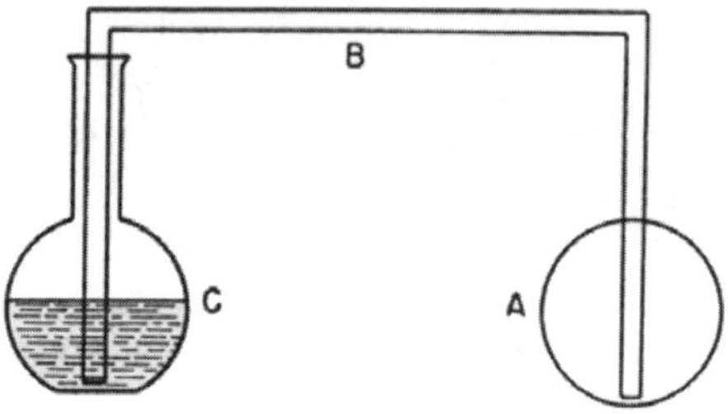

Thermoscope de Philon

Pour la mesure, passons sur les nombreux instruments de mesure angulaire utilisés pour l'architecture, la fortification, l'arpentage et la balistique. Mais deux exemples sont moins connus, le thermomètre[69] et le baromètre[70]. Des thermoscopes repérant la température par la dilatation de l'air sont décrits par les mécaniciens grecs Philon de Byzance (vers 250 av. J.-C.)[71] et Héron d'Alexandrie (vers 60 ap. J.-C.)[72].

69. Pour le problème général du repérage des températures, voir M.K. BARNETT, « The development of thermometry and the temperature concept », dans *Osiris*, 12 (1956), p. 269-341 ; J. BELFROID, « Note sur l'histoire du repérage des températures », dans *Les Études Classiques*, 32 (1964), p. 37-44.

70. Pour le baromètre, l'ouvrage classique de Cornelis DE WAARD, *L'expérience barométrique, ses antécédents et ses explications*, Thouars, 1936 reste fondamental.

71. Le thermoscope de Philon est décrit dans ses *Pneumatiques* conservés dans une traduction arabo-latine. *Liber Philonis de ingeniis spiritualibus* en appendice à *Heronis Alexandrini opera quae supersunt omnia*, vol. I, *Pneumatica et automata*, ed. G. SCHMIDT, Leipzig, Teubner, 1899, p. 474-476, fig. 114. Sur le thermomètre d'Héron et Philon, voir A.G. DRACHMANN, *Ktesibios Philon and Heron. A Study in Ancient Pneumatics*, Copenhagen, 1948, p. 119-122.

72. HERON, *Les pneumatiques*, p. 255 Schmidt, trad. A. de ROCHAS, *La science des philosophes et l'art des thaumaturges dans l'Antiquité*, Paris, 1882, p. 136-137.

Tous deux furent à peu près oubliés au Moyen Âge[73]. En 1575, Federico Commandino publia une traduction latine des *Pneumatiques* d'Héron[74] qui eut une influence énorme, notamment dans le milieu des ingénieurs[75]. Le médecin Santorio (1561-1636) mentionne le thermoscope entre 1612 et 1624, Francis Bacon en 1620, Robert Fludd en 1626 et 1638[76]. Il s'agissait d'un vase plein d'eau dans lequel on plongeait un long tube de verre étroit surmonté d'une ampoule. C'était en fait un baro-thermoscope sensible aux variations de la pression atmosphérique qui ne possédait pas d'échelle définie. Galilée reconnaît que le niveau de l'eau dans le tube donne une bonne indication sur l'échauffement de l'air. Mais à la même époque apparut dans les Pays-Bas un thermomètre en forme de J comportant une ampoule à chaque extrémité et muni d'une échelle[77].

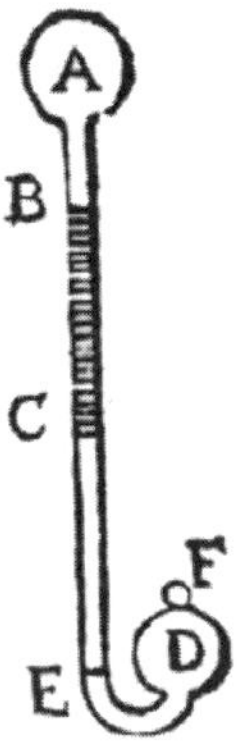

Thermomètre en J d'après Jean Baptiste Van Helmont, collection CHST

Cet appareil est peut-être issu du mouvement perpétuel de l'ingénieur Cornelis Drebbel d'Alkmaar (1572-1633). Son *perpetuum mobile*, qui lui servit d'introduction auprès de Rodolphe II, de Jacques Ier, de Rubens et de Peiresc, présentait, sous l'une de ses formes, un anneau de verre à moitié plein

73. E. GRANT, « Henricus Aristippus, William of Moerbeke and two alleged mediaeval translations of Hero's Pneumatica », dans *Speculum*, 46 (1971), p. 656-669.

74. *Heronis Alexandrini spiritalium liber a Federico Commandino Urbinate ex Graeco nuper in latinum conversus*, Urbini, 1575.

75. M. BOAS, « Hero's Pneumatica. A study of its Transmission and Influence », dans *Isis*, 40 (1949), p. 38-48.

76. A. G. DEBUS, « Key to two Worlds. Robert Fludd's Weather-glass », dans *Annali dell'Istituto e Museo di Storia della Scienza di Firenze*, I (1982), p. 109-144.

77. Il est décrit dans VAN HELMONT, *Ortus medicinae*, Amsterdam, 1648, p. 64.

d'eau, laquelle était animée d'un mouvement de va-et-vient suivant les variations de la température. C'était une variante du pélican ou vase à circulation des alchimistes, où la vapeur se condense et revient sur le sédiment.

Perpetuum mobile de Drebbel d'après Thomas Tymme, *A Dialogue philosophicall*, Londres, 1612, collection CHST

Il se peut qu'il ait eu lui-même l'idée de la transformer en un thermomètre en J à deux ampoules qui se répandit sous le nom de thermomètre hollandais ou thermomètre de Drebbel[78]. En 1619 et 1621, un certain Gÿsbrecht de Doncker démontra, à Gand et à Bruges, un instrument appelé *perpetuus motus* qui annonçait le mauvais temps par la montée de l'eau dans une buse

78. F. M. JAEGER, *Cornelis Drebbel en zijne tijdgenoten*, Groningen, 1922 ; L.E. HARRIS, *The Two Netherlanders Humphrey Bradley and Cornelis Drebbel*, Leiden, 1961 ; J. DRAKE-BROCKMAN, « The perpetuum mobile of Cornelis Drebbel », dans W.D. HACKMANN et A. J. TURNER, *Learning, language and invention. Essays presented to Francis Maddison*, Paris, 1994 ; M. MICHEL, « Le mouvement perpetual de Drebbel », dans *Physis*, 13 (1971), p. 289-294.

et l'amélioration du temps par sa descente. Peut-être hérité de la machine de Drebbel, c'est l'ancêtre du baromètre à eau.

Quant aux instruments qui magnifient la puissance de nos sens, télescope et microscope, ils procèdent d'une longue filière technique, depuis les lentilles de cristal[79] ou les boules de verre pleines d'eau[80] utilisées pour allumer le feu, les lentilles de verre et de cristal ou de gemmes transparentes[81] pour observer de petits objets, les monocles pour corriger la myopie et la presbytie chez Roger Bacon, et l'apparition des bésicles sur le marché en 1285[82]. L'industrie du polissage était purement artisanale, combinant l'art du verrier et celui du lapidaire. Qui eut l'idée de combiner une lentille concave et une lentille convexe ? En octobre 1608, l'invention nouvelle est à la cour de Maurice de Nassau. Trois opticiens en revendiquent la paternité : Hans Lippershey, Zacharias Jansen, Jacob Adriaanszoon (Metius) d'Alkmaar. Mais on en vendait à la foire de Francfort en août-septembre et il semble que le dispositif venait d'Italie. Galilée l'apprend en mai[83]. Le microscope pose des problèmes identiques[84]. On sait que Galilée avait un appareil pour voir les choses très petites, mais on ignore en quoi il consistait. En 1622, Peiresc recommande à Jérôme Aléandre, à Rome, Jacob Küfler, gendre de Cornélis Drebbel, qui fit démonstration d'un microscope. De fait, Drebbel avait en 1621 un microscope à Londres où Constantin Huygens lui en achète en mars ; en mai Küfler le démontre à Marie de Médicis. La machine nouvelle suscita de grands espoirs. On comptait sur elle pour voir les « petits corps », atomes ou corpuscules, dont les atomistes affirmaient l'existence.

Enfin, l'instrument sert à faire des expériences. Il reproduit le phénomène en petit et l'isole des facteurs parasites. Mais des expériences pour quoi faire ? La manipulation peut être un moyen d'investigation. Elle peut être aussi un moyen de démonstration et d'enseignement en illustrant une théorie par des exemples frappants. Cette deuxième fonction a précédé la première. On en fait des expériences réelles ou prétendues avec des modèles réduits pour démontrer des théories avant de prendre en compte leur valeur critique

79. ARISTOPHANE, *Nuées*, 766-772 ; PLINE, XXXVII, 28.

80. PLINE, XXXVI, 199.

81. On se souviendra que le nom allemand des lunettes *Brille* vient du nom du béryl.

82. M. BERETTA, « From the Eye to the Eye-Glasses. A Pre-History of Spectacles », dans M. BERETTA (ed.), *When Glass Matters. Studies in the History of Science and Art from Graeco-Roman Antiquity to Early Modern Era*, Firenze, 2004, p. 249-282.

83. Albert VAN HELDEN, *The Invention of the Telescope*, Philadelphia, The American Philosophical Society, 1977.

84. Catherine WILSON, *The Invisible World. Early modern philosophy and the Invention of the Microscope,* Princeton UP, 1995 ; E. G. RUESTON, *The microscope in the Dutch Republic. The Shaping of Discovery*, Cambridge UP, 1996.

ou cruciale. Ainsi, les nombreuses machines décrites dans les *Automates* et les *Pneumatiques* des mécaniciens grecs ont, depuis longtemps, posé la question de leur usage. En particulier on s'est interrogé sur l'absence d'applications industrielles, que l'on attribue communément à l'esclavage. En réalité, il s'agit d'appareils de démonstration qui ne peuvent à grande échelle produire un travail réel.

La plus célèbre de ces machines est la « turbine à vapeur » d'Héron d'Alexandrie. Dans un passage célèbre des *Pneumatiques*[85], Héron décrit une petite sphère, munie de deux tuyères à angle droit, qui tourne sur elle-même par l'échappement de la vapeur que lui fournit une chaudière.

Turbine d'Héron. Modèle du début XIXe siècle, Université de Coimbra, collection CHST

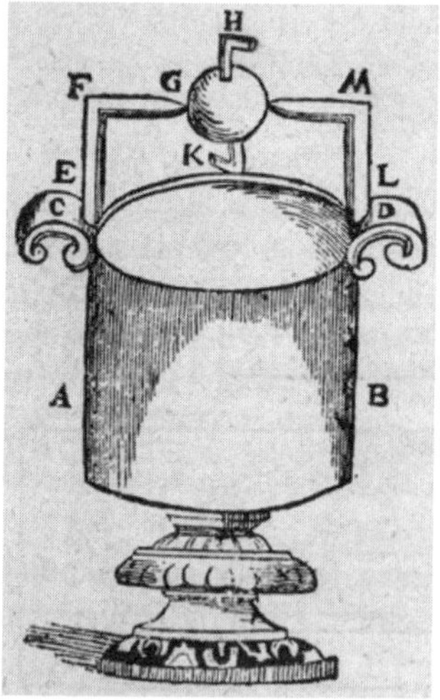

Turbine d'Héron selon Albert de Rochas, collection CHST

Plus d'un moderne a vu, dans cette machine, l'ancêtre de nos turbines à ailettes et s'est étonné qu'elle en soit restée au stade du jouet. En réalité, la puissance de la machine est faible et une bonne partie se perd par frottement de la petite sphère sur son axe, frottement qu'il est impossible de réduire sans perdre de la vapeur puisque l'axe sert en même temps à l'alimentation.

La machine est souvent appelée éolipile, mais à tort. L'éolipile, balle d'Eole (*Aeoli pila*), appelée au Moyen Âge le *Sufflator*, est un ustensile

85. HERON, *Pneumatiques*, II, 11, t. I, p. 228-233 Schmidt.

domestique, une sorte de soufflet. Elle est décrite par Philon, où elle souffle sur un brûleur d'encens[86]. Vitruve donne les détails « Les balles d'Eole sont en bronze creux, avec un petit trou par où on les remplit d'eau. On les place sur le feu. Avant de s'échauffer, elles n'ont aucun souffle. Quand elles commencent à bouillir, elles projettent sur le feu un souffle violent »[87]. L'outil reste en usage au Moyen Âge[88]. Au XVIIe siècle, La Fontaine y fait encore allusion[89]. C'est aujourd'hui le principe de certaines lampes à souder.

A partir du XVIe siècle, des ingénieurs ont essayé de diriger le jet de vapeur de l'éolipile sur une roue à ailettes. Les Jésuites de Chine ont construit plusieurs petites machines de ce type, mais sans résultat. Il faudra attendre que la filière technique du moulin à eau, grâce aux calculs de l'hydrodynamique théorique, perfectionne la forme des ailettes pour que naisse la vraie turbine à vapeur, qui doit beaucoup plus à la turbine à eau qu'à l'éolipile. En réalité, l'éolipile sert à Vitruve d'appareil de démonstration pour expliquer l'origine des vents, qui sont selon lui des courants d'air produits par l'évaporation de l'eau[90]. Albert le Grand lui reprendra cet usage dans ses *Météorologiques*[91]. Quant à la machine d'Héron, c'est l'illustration de la force du souffle. Héron ne comprend pas le mécanisme physique de la réaction. Pour lui, c'est le jet de vapeur qui, tombant sur le couvercle de la chaudière, repousse la sphère comme un levier.

En réalité, les préfaces des *Pneumatiques* de Héron et Philon annoncent que ces machines serviront à démontrer l'existence et les propriétés de l'air. Philon écrit[92] « Moi, dans le cas présent, je me propose d'être bref, de ne pas attaquer les paroles de mes devanciers, ni de réfuter les objections pour que mon discours évite la prolixité. Il est en effet évident et déclaré clairement, et

86. PHILON, *Pneumatiques*, 57, p. 196.

87. VITRUVE, I, 6, 2.

88. W. L. HILDBURGH, « Aeolipiles as fire-blowers », dans *Archaeologia* (Oxford), 94 (1951), p. 27-55.

89. LA FONTAINE, *Poème du quinquina*, chant II, p. 71, ed. P. CLARAC, *La Fontaine. Œuvres diverses*, Paris, Pléiade, 1958 (à propos de la saignée).

L'eau qui reste en l'éolipyle
Ne se refroidit pas quand il devient moins plein
L'airain soufflant fait voir que la liqueur enclose
Augmente de chaleur, déchue en quantité
Le souffle alors redouble et cet air irrité
Ne trouve du repos qu'en consumant sa cause

90. VITRUVE, *loc. cit.*

91. ALBERT, *Météorologiques*, III, 2, 17, t. IV, p. 634 Borgnet.

92. Version latine dans W. SCHMIDT, *Heronis Alexandrini opera quae supersunt omnia*, 1, Leipzig, 1899 ; trad. A. DE ROCHAS, *La science des philosophes et l'art des thaumaturges dans l'Antiquité*, 2e éd. Paris, 1882.

il apparaît manifestement aux sens que l'air est un des premiers éléments, parmi les choses qui nous sont de prime abord et tombant sous le sens. C'est une chose et non un mot ». La traduction latine emploie *exemplum* pour désigner les manipulations. Les *Pneumatiques* d'Héron se proposent le même but[93]. « L'étude des propriétés de l'air a été jugée digne de la plus grande attention par les anciens philosophes et mécaniciens. Les premiers ont déduit ces propriétés du raisonnement, les seconds de leur action sur nos sens. Il nous a paru nécessaire de mettre en ordre ce que nous ont légué nos prédécesseurs, et d'y ajouter nos propres découvertes, de manière à aider les études de ceux qui voudront se livrer aux mathématiques. C'est en effet par l'union de l'air, du feu, de l'eau et de la terre, et à l'aide de trois ou quatre de ces éléments réunis, que se forment les combinaisons diverses dont les unes subviennent aux besoins de la vie humaine, pendant que d'autres produisent un étonnement mêlé de terreur. Il en est qui affirment que rien dans l'univers n'est vide ; d'autres estiment que le vide n'existe point naturellement d'une façon continue, mais qu'il se trouve réparti en particules ténues à travers l'air, l'eau, le feu, et les autres corps. C'est à cette opinion que nous nous rangeons, et nous allons en démontrer la vérité par les expériences suivantes ».

De même, les automates d'Héron servent à démontrer les principales chaînes cinématiques[94]. « La fabrication des automates a été tenue en estime par les hommes d'autrefois à cause de la complication de son artisanat et du caractère impressionnant de son spectacle. Pour parler court, chaque partie de la mécanique est incluse dans la fabrication des automates en raison des composants qui y sont mis en œuvre ». C'est bien de montrer qu'il s'agit, de faire comprendre par les sens. Les verbes sont tirés de la famille de *deiknumi* (montrer). On observera aussi l'insistance sur la notion d'étonnement (*thauma*). Ce n'est pas, comme chez Aristote, l'étonnement qui suscite la curiosité, c'est le tour de force qui impressionne, la mise en scène qui joue un effet rhétorique. Au XVIe siècle, le titre de *Théâtre de machines* est à lui seul parlant.

C'est l'usage de modèles réduits qui permet de comprendre les deux performances techniques attribuées à Archimède : la traction d'un navire et les miroirs ardents. La première performance est rapportée par Plutarque[95]. « Il fit tirer à terre au prix de grands efforts d'une nombreuse main-d'œuvre un navire de transport de la marine royale ; il y fit monter un grand nombre d'hommes, en plus de la cargaison habituelle, et, assis à distance, sans peine,

93. HERON, p. 80 de Rochas.

94. HERON, *Automates*, I, p. 339 Schmidt.

95. PLUTARQUE, *Marcellus*, XIV, 13 ; PROCLUS, *In Euclidem*, p. 63 Friedlein. *Cf.* C. MUGLER, « Archimède répliquant à Aristote », dans *Revue des Études Grecques*, 64 (1951), p. 58-81.

d'un geste tranquille de la main, il actionna une machine à plusieurs poulies de façon à ramener vers lui le navire en le faisant glisser sans à-coups, comme s'il courait sur la mer ». Si le moufle est connu depuis longtemps, l'opération est impossible en grandeur réelle à cause du frottement. C'est une opération en modèle réduit ou une expérience de pensée.

L'incendie des navires de Marcellus par des miroirs ardents n'est pas chez les historiens du siège de Syracuse, Polybe, Tite-Live et Plutarque. Les premières allusions sont chez Lucien[96] et chez Galien[97], mais ce sont deux byzantins, Tzetzès[98] et Zonaras[99], qui décrivent le procédé en détail peut-être d'après les livres perdus de Dion Cassius[100] (164-après 229). Selon Tzetzès « quand Marcellus fut à une portée de flèches, le vieillard (Archimède) façonna un miroir hexagonal. A une distance adaptée au miroir, il plaça quatre par quatre des miroirs semblables, mobiles sur leurs côtés grâce à des lamelles et à des charnières. Il les plaça sous les rayons du soleil, entre les rayons de midi, estival et hivernal. Quand les rayons du soleil vinrent s'y réfléchir, il s'éleva sur les navires un terrible embrasement couleur de feu, et il les réduisit en cendres à la distance d'une portée de flèches ».

Depuis longtemps les Grecs construisaient de petits miroirs paraboliques en bronze, pour allumer le feu en concentrant les rayons du soleil à une distance relativement courte, proportionnelle à la grandeur du miroir[101]. Pour brûler à une portée de flèche, il faudrait, avec un miroir parabolique, que l'objectif soit immobile, exactement dans la ligne droite qui joint le soleil au centre du miroir, mais encore, que le miroir soit immense. Comme l'observait déjà Descartes, ils doivent être « très grands ou plutôt fabuleux »[102]. Archimède a probablement traité des miroirs ardents dans une *Catoptrique* aujourd'hui perdue[103] en utilisant des modèles réduits. La tradition a cru que le procédé avait été véritablement appliqué à grande échelle et s'est efforcée

96. LUCIEN, *Hippias*, 12 est le premier à mentionner l'embrasement, mais il ne décrit pas la technique employée.

97. GALIEN, *De temperamentis*, III, t. I, p. 657 Kühn insiste sur la combustibilité des matériaux et désigne une technique « par des brasiers » ce qui peut faire allusion aux feux de guerre.

98. TZETZES, *Chiliades*, II, histoire 35, v. 118-128.

99. ZONARAS, *Annales*, IX, 5, t. II, p. 210 Pinder.

100. Dans l'édition de Dion par I. MELBER (Teubner), t. I, p. 239 sq., les récits de Tzetzès et de Zonaras sont le paragraphe 38 du frg. 56 de Dion qui écrit quatre siècles après les événements (211).

101. THEOPHRASTE, *De igne*, 73, citant Gorgias, *cf.* PLINE, II, 239.

102. DESCARTES, *Dioptrique*, Leiden, 1637, p. 118-119 ; D. ADAM et P. TANNERY, *Œuvres de Descartes. VI. Discours de la méthode et Essais*, Paris, 1902, p. 193-194.

103. Analyse des fragments par A. LEJEUNE, *Recherches sur la catoptrique grecque d'après les sources antiques et médiévales*, Bruxelles, 1954, p. 142-143. Voir en particulier le frg. 20, t. II, p. 550, Heiberg = APULEE, *Apologie*, 16, qui fait allusion aux miroirs ardents. *Cf.* PSEUDO-EUCLIDE, *Catoptrique*, 30.

de le retrouver. Ainsi, la source avouée de Tzetzès[104] est le *Traité des machines paradoxales* d'Anthémios de Tralles, physicien et architecte mort en 534[105]. Cet ouvrage rassemble des problèmes relatifs aux miroirs[106] dont le second est ainsi libellé « comment, en un lieu donné, distant de moins d'une portée de flèche, provoquer un embrasement par les rayons solaires ». Anthémios reconnaît que l'opération est impossible avec un miroir parabolique pour les raisons précitées. Mais il sait, par une tradition pour nous perdue, qu'Archimède l'a fait. Par conséquent « puisque l'on ne peut supprimer la gloire d'Archimède »[107], Anthémios entreprend de reconstituer son procédé par un jeu de miroirs plans articulés autour d'un miroir hexagonal, et il propose de grouper plusieurs de ces dispositifs. L'appareillage comme tel est inadéquat, mais proche de celui que proposa indépendamment au XVIIe siècle le P. Athanase Kircher[108]. Buffon le développera et parviendra en 1747 à brûler une planche à trente pas de distance[109].

L'instrument est ainsi pur matériel de démonstration. Il en va de même dans l'*Optique* de Claude Ptolémée[110]. Au livre V, à propos de la vision binoculaire et à propos de la réflexion et de la réfraction, il fait ce que son traducteur latin appelle des *experimenta* en utilisant un vase, une tablette de bronze, un demi-cylindre de verre, et d'autres dispositifs en verre. Gérard Simon a bien observé que si Ptolémée recourt à des manipulations d'appareils pour démontrer sa théorie, il s'arrête lorsque sa théorie risque d'être mise en cause[111]. La théâtralité de la démonstration mécanique trouve un parallèle

104. TZETZES, *loc. cit.*, v. 159-163 citant Anthémios, Héron, Philon et Pappus. Il n'y a rien de tel dans les œuvres conservées des trois derniers, mais la liste des sources vaut pour toute la biographie d'Archimède.

105. F. HULTSCH, art. « Anthemios » 4, dans *RE*, I, 2 (1894), col. 2368-2369. Selon AGATHIAS, *Histoires*, V, 8, p. 294, 1, 1-7 Niebuhr, il s'occupa de jeux de miroirs.

106. Edité par A. WESTERMANN, *Paradoxographoi, Scriptores rerum mirabilium Graeci*, Braunschweig, 1839, réimp., Amsterdam, 1963, p. 149-158 ; par J. L. HEIBERG, *Mathematici Graeci minores*, Copenhague, 1927, p. 77-92 et plus récemment par Roshdi RASHED, *Les catoptriciens grecs. I. Les miroirs ardents*. Textes établis, traduits et commentés, Paris, Les Belles-Lettres, 2000.

107. ANTHEMIOS, p. 82, 1.7 Heiberg.

108. A. KIRCHER, *Ars magna lucis et umbrae in X libros digesta*, Amsterdam, 1671, p. 757-767. *Cf.* W.E.K. MIDDLETON, « Archimedes, Kircher, Buffon and the burning Mirrors », dans *Isis*, 52 (1961), p. 533-543.

109. BUFFON, « Histoire des minéraux », dans *Œuvres complètes*, éd. A. RICHARD, t. III, Paris, 1833, p. 3-23.

110. A. LEJEUNE, *L'optique de Claude Ptolémée dans la version latine d'après l'arabe de l'émir Eugène de Sicile*, Leiden, Brill, 1989. L'ouvrage n'est pas conservé en grec.

111. G. SIMON, *Le regard, l'être et l'apparence dans l'optique de l'Antiquité*, Paris, Seuil, 1988, p. 170-183 et 199. « Ptolémée n'expérimente pas pour trouver, mais pour vérifier ses hypothèses et mesurer des rapports de grandeur déjà identifiés ». A propos de ce type d'attitude, Rita LEVI-MONTALCINI, *Eloge de l'imperfection*, Paris, 1988, p. 163, rappelle la « loi de l'oubli de l'information négative » du psychologue soviétique A.R. Luria. Tous les faits qui vont dans le sens de l'hypothèse formulée sont immédiatement acceptés et mis en évidence. Tous les faits contraires sont considérés comme insignifiants et sont oubliés.

exact dans la démonstration anatomique, où le prosecteur montre les viscères et le professeur commente le livre. Si le cadavre contredit le livre, c'est le livre qui a raison.

Parallèlement, les ingénieurs et les architectes s'accoutumèrent à simuler le comportement d'une structure et d'une machine sur modèle réduit. Vitruve[112] rapporte qu'un architecte nommé Callias vint faire une conférence à Rhodes et montra le modèle réduit d'un rempart avec une sorte de grue capable de saisir une *helepolis* (tour d'assaut à prendre les villes) et de la déposer à l'intérieur des murs. Mais lorsque Démétrios Poliorcète attaqua la machine avec une *hélépolis* gigantesque pesant 360.000 livres, Callias ne put construire la grue correspondante. Et Vitruve observe[113] « Car toutes les choses ne sont pas praticables sur des principes identiques, mais il y a des choses qui, agrandies à l'imitation de petits modèles, sont efficaces, d'autres n'ont pas de modèles mais sont construites indépendamment d'eux, alors qu'il y en a d'autres qui apparaissent faisables en modèles réduits, mais qui quand ils ont commencé à grandir en taille sont impraticables ».

Le modèle réduit d'architecture est extrêmement répandu au Moyen Âge, particulièrement en Italie au XIVe siècle. Il a une fonction esthétique, une fonction technique, mais aussi une fonction de gestion, qui garantit dans la longue durée le plan initial. Le plus significatif est à coup sûr la maquette au 1/12 de la cathédrale de Bologne que le maçon Antonio di Vincenzo fit dans les années 1390. Elle avait 15,21 mètres de long sur 11,40 mètres de large, elle était maçonnée en briques avec une décoration intérieure en plâtre[114].

Léonard de Vinci, quant à lui, s'affirme profondément convaincu de la validité d'un essai sur modèle d'abord, sur prototype ensuite[115]. Contre Vitruve, qu'il comprend mal, il affirme « Vitruve dit que les modèles réduits ne trouvent pas de confirmation pour quelque opération que ce soit dans le fonctionnement des modèles grandeur nature. J'entends démontrer par ce qui suit que cette conclusion est fausse »[116]. Et ailleurs[117] « Tout instrument en lui-même doit être exécuté selon les principes mêmes de l'expérience dont il est issu ». Ses machines les plus fameuses sont précédées par une expérimentation sur modèle réduit. Ainsi, l'hélicoptère pour lequel il précise[118] « Tu

112. VITRUVE, X, 16, 3.

113. VITRUVE, X, 16, 5.

114. Pierre du COLOMBIER, *Les chantiers des cathédrales*, Paris, 1973, p. 95-96.

115. C. PEDRETTI, « Introduction », dans *Léonard de Vinci. Ingénieur et architecte*, Montréal, 1970, p. 1-21.

116. Ms. L de Paris, f. 53 r-v (vers 1502).

117. Ms. Arundel f. 191 r (vers 1504).

118. Ms. B de Paris, f. 83 v (vers 1487-1490).

feras un petit modèle en papier dont l'axe sera formé d'une fine lamelle d'acier soumise avec force à un mouvement de torsion et quand on la relâchera, elle fera tourner l'hélice ». L'appareil lui-même fabriqué en roseaux recouverts de toile devait avoir environ 4 mètres de large. Léonard utilise les modèles non seulement pour d'autres inventions techniques, comme la pompe centrifuge[119], mais pour étudier le fonctionnement de l'oeil[120], ou le dépôt de sédiments à l'embouchure des cours d'eau[121].

Le modèle réduit change de statut. Il passe de la démonstration à l'investigation. Le modèle à la Renaissance devient un outil de connaissance[122].

L'*experimentum* des recettes

Dans un ouvrage bien connu, Pierre Michaud Quantin appelait de ses vœux une étude sur le mot *experientia*[123] « il est même équivoque, écrivait-il, de parler d'expérience lorsque l'on traduit *experientia* ou *experimentum*, nous mettons aujourd'hui dans le terme français tout un contexte épistémologique, il s'agit en fait pour les médiévaux d'observation pure et simple et elle doit servir essentiellement à établir la vérité et l'exactitude des faits matériels ». En 2001, un très important colloque du Lessico Intellettuale Europeo a clarifié la sémantique du groupe lexical *exper-* et son emploi dans la tradition philosophique[124], mais il a laissé de côté la littérature technique, particulièrement les recettes qui sont prodigues en *expertum est*.

Le verbe latin *experior* est formé sur la même racine et avec le même sens fondamental que le grec *peiraomai*, et il signifie essayer. C'est aussi le sens archaïque du mot *periculum*, essai[125]. Mais le verbe s'emploie surtout au parfait avec un sens actif ou passif : *expertum est, experti sumus*, « ceci a été essayé », « nous avons essayé ». On trouve aussi l'adjectif *expertus* « essayé » et le substantif à sens résultatif *experimentum* « le résultat de

119. Ms. F de Paris, f. 16 r.

120. Ms. D de Paris, f. 3 v.

121. *Codex Leicester*, f. 15 r (vers 1508) « Le lit de l'embouchure de chaque cours d'eau sera connu une fois que l'on aura fait une expérience à échelle réduite avec du sable ».

122. C. BALAVOINE, J. LAFOND, P. LAURENS, *Le modèle à la Renaissance*, Paris, 1986 ; Marcus POPPLOW, *Models of Machines : A « Missing Link » between Early Modern Engineering and Mechanics*, Max Planck Institute for the History of Science, Preprint 225, Berlin, 2002.

123. P. MICHAUD QUANTIN, *Études sur le vocabulaire philosophique du Moyen Âge*, Rome, 1970, p. 219-220.

124. Marco VENEZIANI (ed.), *Experientia. X Colloquio internazionale del Lessico Intellettuale Europeo, Roma, 4-6 gennaio 2001*, Florence, 2002.

125. A. ERNOUT, A. MEILLET, *Dictionnaire étymologique de la langue latine. Histoire des mots*, 4e éd. Par J. ANDRE, Paris, 1985, p. 498 s.v., « periculum ».

l'essai ». L'emploi du parfait et le sens résultatif des dérivés montre que l'on insiste moins sur la procédure de vérification que sur son résultat. Un remède *expertus* est un remède qui a réussi[126]. En ce sens, il est synonyme de *compertus* « avéré », ou de *probatus* « reconnu bon ». Mais très tôt, un glissement sémantique s'observe. Le succès constaté d'un procédé dispense de tout contrôle et le légitime par le seul fait d'avoir réussi. Ceci ouvre grande la porte à l'erreur et à la crédulité. Parallèlement, on passe de la notion de succès constaté à la notion d'effet attesté, et comme très souvent au Moyen Âge, l'autorité du témoin en vient à primer sur la valeur du témoignage. Un procédé aura d'autant plus de valeur que son garant est prestigieux, éloigné dans le temps, dans l'espace, ou dans la hiérarchie sociale. Au terme de cette évolution, on appellera *experimenta* des faits purement contingents, réels ou imaginés, sans explication rationnelle et qui tirent leur légitimité de leur succès réel ou attesté[127]. L'aimant qui attire le fer est un fait avéré dont on ne connaît pas la cause. C'est un *experimentum*. Mais qu'il cesse d'attirer le fer quand on le frotte d'ail, c'est aussi un *experimentum*, car la tradition l'atteste depuis Plutarque, même si c'est faux. Jusqu'au XVIIe siècle, il sera interdit de consommer de l'ail sur les navires de la flotte royale britannique parce qu'il était censé dérégler les boussoles. Il faudra attendre la *Pseudodoxia epidemica* de Sir Thomas Browne qui trempera un compas de marine dans une soupe à l'ail montrant qu'il continuait d'indiquer le nord.

Les *experimenta* sont charriés par les recueils de recettes. En technique, les *experimenta de coloribus* sont des trucs de peintre et d'enlumineur[128]. En médecine, ce sont des remèdes dont l'effet ne s'explique pas par les théories médicales et qui ont souvent à nos yeux un caractère magique ou superstitieux. Ainsi, les *experimenta* du médecin Nicolas de Pologne sont des remèdes répugnants à base de serpents et de crapauds[129].

Les recueils d'*experimenta* s'intitulent souvent *secreta* « secrets » soit que la nature en cache la raison, soit que les praticiens s'en réservent l'application[130]. Typiques de ce genre, les *Experimenta Alberti Magni*, origine des

126. J. AGRIMI, C. CRISCIANI, « Per une ricerca su experimentum-experimenta : riflessione epistemologica e tradizione medica (secoli XIII-XV) », dans P. JANNI, I. MAZZINI (eds), *Presenza del lessico greco e latino nelle lingue contemporanee*, Macerata, 1990, p. 9-49 (Univ. di Studi di Macerata, Pubbl. della Facolta di Lettere e filosofia 55, Sussidi didattici, 2).

127. C. OPSOMER, « Prolégomènes à une étude des recettes médicales latines », dans *Mémoires du Centre Jean Palerne*, III (1982), p. 94-96.

128. M. E. MERRIFIELD (ed.), *Original treatises on the art of painting*, London, 1849, t. I, p. 49.

129. J. W. S. JOHNSSON, « Les Experimenta magistri Nicolai », dans *Bulletin de la Société Française d'Histoire de la médecine*, 10 (1911), p. 269-290.

130. Voir les différentes contributions rassemblées dans le recueil *Il secreto. The Secret*, Florence, 2006, (*Micrologus*, 14).

Admirables secrets d'Albert le Grand, qui seront vendus jusqu'au XIXe siècle dans la littérature de colportage[131].

A l'origine, un recueil du XIIIe siècle, le *Liber aggregationis*, comprenant un bref prologue et trois livres sur les vertus médico-magiques des plantes, des pierres et des animaux[132]. Au fil du temps, il se complète d'un livre de gynécologie (le *De secretis mulierum*), d'un recueil de recettes magiques (*de mirabilibus mundi*)[133], qui sont aussi médiévaux, d'une physiognomonie, de recettes métallurgiques et médicales. Citons le prologue du *De mirabilibus*, transmis depuis le Moyen Âge[134] jusqu'au XVIIIe siècle : « Un auteur dit qu'il y a certaines choses que l'on connaît par le sens et qui surpassent la raison ; d'autres que l'on apprend par les moyens de la raison et qui sont au-dessus des sens. Dans les premières, il faut s'en tenir à l'expérience car on ne doit pas éprouver la raison, ni rejeter l'expérience. Dans les secondes, il ne s'en faut pas fier aux sens, parce que l'on ne peut pas les sentir, ni les toucher. C'est pourquoi l'expérience découvre de certaines choses que les hommes ne peuvent comprendre, et la raison en fait voir d'autres qui ne dépendent en aucune manière des sens. Car quoique l'on ne sache pas la raison ni pourquoi l'aimant attire le fer, l'expérience néanmoins le fait voir si clairement qu'on ne saurait le nier ni en douter. Ainsi, si ce que l'usage nous apprend est surprenant, l'on ne doit pas à plus forte raison être surpris de mille autres choses dont la raison et la cause sont inconnues ».

L'épistémologie particulière de l'*experimentum* permet de reprendre à nouveaux frais le vieux débat[135] sur la nouvelle science que, dans le contexte scolastique, Roger Bacon entreprend de fonder. Pour Roger, la réforme de la science a pour premier fondement l'Écriture qui livre la seule vérité. Cette vérité est expliquée par la raison, et la raison n'est pas sûre si elle n'est pas confirmée par l'expérience. Celle-ci est double : intérieure et mystique ; extérieure, la *scientia experimentalis* proprement dite associée aux mathématiques, aux instruments et à l'alchimie. « Je veux maintenant m'occuper des

131. L. THORNDIKE, « Further considerations on the Experimenta, Speculum astronomiae and De secretis mulierum ascribed to Albertus Magnus », dans *Speculum*, 30 (1955), p. 413-443.

132. Édition Isabelle DRAELANTS, *Le Liber de virtutibus herbarum, lapidum et animalium (Liber aggregationis) un texte à succès attribué à Albert le Grand*, Sismel, Edizioni del Galuzzo, 2007.

133. Sur les origines du *De mirabilibus*, voir DRAELANTS p. 15.

134. *Les admirables secrets d'Albert le Grand contenant plusieurs Traittez sur la conception des Femmes et les vertus des Herbes, des Pierres précieuses et des Animaux*, Cologne, chez le Dispensateur des Secrets, 1703, p. 113.

135. Sur cette question et le rapport avec Grosseteste, voir J. HACKETT, « Scientia experimentalis : from Roger Grosseteste to Roger Bacon », dans J. MC EVOY (ed.), *Robert Grosseteste. New Perspectives on his thought and scholarship*, Steenbrugge, Turnhout, 1995 (*Instrumenta patristica*, XXVII, p. 89-119).

principes de la science expérimentale, car sans expérience, on ne peut rien savoir suffisamment. Il y a deux manières d'acquérir la connaissance : par le raisonnement et par l'expérience. Raisonner nous amène à tirer une conclusion que nous tenons pour certaine, mais raisonner ne retire pas le doute, et l'esprit ne reposera dans la lumière de la vérité que s'il l'acquiert par la voie de l'expérience. Nombreux sont ceux qui ont des preuves de ce qui peut être connu, mais, comme ils ne pratiquent pas l'expérience, ils ignorent les preuves et n'évitent pas plus ce qui est nuisible qu'ils ne suivent ce qui est bon »[136].

Cette traduction est dangereuse, et David Lindberg a bien vu que cette *scientia experimentalis* comme méthodologie dénote *an extremely broad range of activities*[137]. En fait, la *scientia experimentalis* est la science des *experimenta*, c'est-à-dire des « trucs efficaces ». Ce sont les savoirs non rationnellement justifiés de l'alchimiste, de l'artisan, du magicien, de l'*ingeniator*, le savoir contenu dans ces livres de recettes que Bacon ne cessera de collectionner tout au long de sa vie. Au livre 6 de l'*Opus maius*, la *scientia experimentalis* se voit assigner un triple rôle : confirmer la déduction, ajouter des connaissances que l'on ne peut découvrir par la déduction, fournir à la République chrétienne les ressources dont elle aura besoin aux temps de l'Antéchrist : la poudre à canon, l'aimant, la purification de l'or ou les remèdes de longue vie de l'alchimiste Artephius. Le célèbre éloge du *Magister experimentorum*, qui est peut-être Pierre de Maricourt, peut se lire dans le même sens[138]. « Je connais un homme, et un seul, dont on puisse faire l'éloge pour ses découvertes. Les discours et les joutes verbales l'intéressent peu. Il poursuit la sagesse, et, en elle, il trouve la paix. Ce que les autres ne voient, avec effort, que vaguement et obscurément comme des chauves-souris au crépuscule, lui le voit au grand jour parce qu'il est le maître des expériences. C'est grâce à l'expérience qu'il a acquis la compréhension des choses naturelles, des choses médicales et chimiques et, à vrai dire, de tout ce qui est dans le ciel et sur la terre. Il a honte d'ignorer des choses que savent les illettrés, les vieilles femmes, les soldats ou les laboureurs. Il a donc observé très attentivement les opérations faites par ceux qui travaillent les minéraux de toutes natures. Il connaît tout de l'art de la guerre et de la fabrication des armes. Il s'est intéressé à l'agriculture, à l'arpentage et aux travaux de la ferme. Il a pris des notes sur les remèdes, les jeteurs de sort et sur les charmes utilisés par les vieilles femmes, les sorciers et les magiciens et sur les tours

136. *Opus maius*, livre 6 ; *Opus tertium*, p. 59.

137. D. LINDBERG, *Science as Handmaiden. Roger Bacon and the Patristic tradition*, dans *Isis*, 78 (1987), p. 518-536, spéc. 533.

138. *Opus maius*, p. 583.

et les trucs des prestidigitateurs, pour que rien de ce qui mérite d'être examiné ne lui échappe et pour pouvoir démasquer les supercheries des charlatans. Son aide est indispensable pour qui veut mener la philosophie à sa perfection et l'utiliser avec profit, en toute confiance. Quant aux récompenses, il ne les cherche pas et n'en reçoit aucune. S'il fréquentait les princes et les rois, il n'aurait aucune peine à se faire offrir les honneurs et richesses. S'il était à Paris, il proclamerait les résultats de ses travaux et le monde entier le suivrait. Mais ces deux occupations l'empêcheraient de poursuivre les recherches ». L'association d'un titre universitaire *Magister* avec le mot *experimentum* est délibérément provocatrice, mais cette promotion des savoirs aléatoires a ses limites : purement contingents, bornés à l'effet réel ou attesté, dépourvus de procédures de contrôles permettant d'exclure les facteurs d'erreur, ils ne peuvent servir que de confirmation à l'exposé théorique et ne possèdent pas de valeur critique.

Il en sera tout autrement dans l'Italie de la Renaissance, où les secrets réaliseront une véritable percée dans le champ de la science. William Eamon a minutieusement étudié la diffusion des recueils d'*experimenta* et de secrets à la fin du Moyen Âge et au XVIe siècle[139]. Non seulement l'imprimerie leur donne une grande audience[140], mais des littérateurs vont s'y spécialiser et s'improviser « Professeurs de secrets » dont les plus célèbres sont le pseudo Alessio Piemontese, Girolamo Ruscelli, Leonardo Fioravanti, Gianbattista della Porta. Publiés pour la première fois en 1555, les Secrets d'Alexis Piémontais connurent 104 éditions dans toutes les langues[141]. Le recueil contient un tiers de recettes médicales étrangères aux pharmacopées approuvées, un tiers d'*experimenta* d'économie domestique, un tiers d'arts et métiers. Dans sa préface, l'auteur raconte que « ayant par inclination naturelle, prins un singulier plaisir en la philosophie et aux Secrets de Nature, ai couru par le monde, l'espace de vint et set ans, afin d'auoir l'acointance de toute sorte de gens doctes. Par laquele diligence et curiosité j'ay appris mout de beaus Secrets, non seulement de gens de grand savoir, et grands Seigneurs, mais aussi de poures femmelettes, artisans, paysans et toute sorte de gens »[142]. Alexis est probablement le pseudonyme de Girolamo Ruscelli (vers 1500-

139. W. EAMON, *Science and the secrets of Nature. Books of secrets in Medieval and early modern culture*, Princeton, 1994.

140. John FERGUSON, *Bibliographical Notes on Histories of Inventions and Books of Secrets*, Glasgow, 1883-1890, 2e éd. collective, London, 1959 (1982).

141. EAMON, *Op. cit.*, p. 139-147.

142. *Les Secrets de Reverend Signeur Alexis Piemontois. Contenans excellens remedes contre plusieurs maladies, playes, et autres accidens, Auec la maniere de faire distillations, parfuns, confitures, teintures, couleurs, et fusions. Oeuure bien approuué, tres utile et necessaire a un chacun. Traduit d'Italien en François*, Anvers, Plantin, 1557, épître au lecteur.

1565/6) qui dans son propre recueil posthume *Secreti nuovi* (1567) raconte avoir animé une *Accademia segreta* de vingt-quatre membres, équipée d'un jardin botanique et d'un laboratoire, avec pour but de faire un tri dans les *experimenta*, de réduire les secrets à la certitude en les essayant au moins trois fois[143]. Quant à Gianbattista della Porta, né en 1535, il ne cessa d'enrichir d'*experimenta* son ample *Magia naturalis* depuis la première édition de 1558. Dans son deuxième état, en vingt livres, la *Magia naturalis* traite des causes occultes, de la génération des animaux, de la production de nouvelles plantes, de l'augmentation de la matière, de la transmutation des métaux, de la fabrication des gemmes, des merveilles de l'aimant, des guérisons étonnantes, des cosmétiques, de l'extraction des essences, de parfums, des feux de guerre, des trempes rares du fer, des banquets, de l'art d'attraper le gibier à la main, des écritures invisibles, des images des miroirs, des expériences statiques et d'un peu de tout. Lui aussi organisa dans sa maison de Naples une *Academia dei Secreti*. Avec lui, les *experimenta* ne sont pas seulement profitables. Ils ont une valeur cognitive en révélant les forces secrètes de la nature. Ainsi définie, la magie naturelle s'avère un puissant élément de subversion et de laïcisation de l'univers, en réduisant la sphère du divin et du miraculeux au profit de celle du naturel.

C'est le même appel à l'*experimentum* que l'on trouve à la même époque chez le plus brillant des épigones de Paracelse, Petrus Severinus (Peder Sörensen)[144] : « Allez, mes fils, vendez vos terres, vos maisons, vos habits, vos bijoux, brûlez vos livres, achetez de gros souliers, parcourez les montagnes, les vallées, les solitudes, les rivages de la mer, fouillez les replis profonds de la terre ; notez les différences des animaux, les variétés des plantes, les espèces des minéraux. Notez pour toute chose la propriété et le mode de génération. Apprenez soigneusement l'astronomie des paysans et la philosophie terrestre, et n'ayez pas honte. Enfin, achetez des charbons, construisez des fours, veillez et cuisez sans vous lasser. C'est ainsi, et non autrement que vous parviendrez à la connaissance des corps et de leurs propriétés. Ces instructions seraient pénibles si elles ne permettaient d'heureuses récompenses du labeur. En effet, elles contiennent l'explication manifeste des propriétés occultes, les sources des actions, les modes d'action, elles clarifient les prédestinations des temps et démontrent la sympathie et l'accord de toute la nature. Les philosophes ornés de ces richesses, et confirmés par beaucoup d'expériences, elles en font les interprètes et les serviteurs légitimes de la nature ».

143. W. EAMON, F. PAHEAU, « The Accademia Segreta of Girolamo Ruscelli. A Sixteenth-century Italian Scientific Society », dans *Isis*, 75 (1984), p. 327-342.

144. Petrus SEVERINUS, *Idea medicinae philosophicae*, Bâle, 1572.

L'*experimentum* des alchimistes

A propos des alchimistes, Francis Bacon rappelle la fable ésopique du laboureur et ses enfants. En cherchant le trésor illusoire de la transmutation, les alchimistes ont si bien travaillé la matière qu'ils ont produit quantité de réalisations utiles. De fait, l'alchimie est à la fois un art mécanique et un art libéral. Mécanique en ce sens qu'elle travaille sur la matière ; libérale car elle prétend expliquer la composition et les changements de la matière, et complète à ce titre les *libri naturales* d'Aristote. Mais le rôle épistémologique de l'*experientia,* c'est-à-dire de la *practica,* est trompeur.

Chez les alchimistes médiévaux, le mot *experimentum* a exactement le même sens que dans le langage commun : c'est un procédé de laboratoire, qu'il soit transmis par une source, ou réalisé par l'opérateur lui-même.

Le premier rôle de l'*experientia* est, comme en médecine, de confirmer *a posteriori* l'efficacité d'un procédé. On en trouve la preuve dans les nombreuses occurrences de l'expression *expertum est, probatum est* dans les manuscrits de recettes alchimiques comme, par exemple, celui d'Arnaud de Bruxelles[145]. De même, on y trouve souvent le nom de la personne qui a fourni le procédé, et du garant qui l'aurait réussi.

Au niveau théorique, le rôle de la *practica* est bien d'illustrer la véracité de la théorie. Ainsi, chez Avicenne, le raisonnement est vérifié (testifié) par l'expérience (*cum ratiocinatione quam verificavit experimentum*)[146]. De même, Roger Bacon, qui définit l'alchimie comme *scientia experimentalis,* assigne à la *practica* le rôle de *certificare* la *theorica*[147]. Arnaud de Villeneuve, attestant la vérité d'un procédé, ajoute *non est truffa, quia experientiam habemus*[148]. Le pseudo-Thomas d'Aquin alchimiste recommande de ne pas trop se soucier des philosophes, anciens ou modernes, qui ont écrit sur cette science « parce que tout l'art d'alchimie réside dans la capacité intellec-

145. W. J. WILSON, « An alchemical manuscript by Arnaldus de Bruxella », dans *Osiris,* 2 (1936), p. 234-235. Voir aussi par exemple le ms. Paris BN lat. 712, f. 57 v « et est une merveilleuse expérience ; graces en soyent données à Dieu ».

146. PS. AVICENNE, *Ad Hasen regem epistola de re tecta,* p. 868 Manget.

147. ROGER BACON, *Opus minus,* p. 214 Brewer. Le rôle illustratif de l'expérience est donc le même que dans le discours médical. Comparez, par exemple, le *Livre des simples médecines,* éd. C. OPSOMER, Antwerpen, 1980, p. 128 « Contre la douleur et la dureté de la rate, le patient doit prendre de l'eau où l'écorce de frêne aura cuit. C'est efficace. Si vous voulez l'expérimenter, donnez-la à un porc qui ait cette maladie, administrez-la pendant trois jours, puis tuez-le et vous verrez qu'il n'a pas la rate dure ».

148. ARNAUD, *Testament,* p. 706 Manget.

tuelle et la démonstration expérimentale »[149]. Le traité alchimique d'Ortholanus s'intitule *Practica probata et experta anno 1358*[150].

Il en résulte que la *theorica* doit toujours précéder, et que l'*experientia* ne possède qu'un rôle de confirmation. Le *Testament* pseudo-lullien est, à cet égard, tout à fait explicite[151]. « En cet art, on ne peut donner la *practica* sans la *theorica* qui précède. Nous disons que la *theorica* est cette partie où on expose les dispositions des corps transmutables et transformables autant qu'il est nécessaire pour le magistère. La *practica* est cette partie où on explique la manière de bien travailler suivant les exigences définies dans la *theorica* ». Il ajoute que la pratique doit *per experientiam* confirmer la *theorica*. Mieux, la qualité de la pratique est la conséquence directe de la qualité de la théorie. « Il faut une grande science, c'est-à-dire une révélation ou une doctrine bien marquée pour pouvoir entrer dans la *practica* de notre magistère. Il faut une forte et grande théorie qui révèle les forces et la volonté de la nature. Si vous êtes négligent dans la lecture, si vous vous contentez de vos livres, vous irez à la *practica* en aveugle comme un ignorant »[152]. De même, Arnaud écrit dans le *Rosier* « Celui qui est paresseux en lisant les livres ne pourra pas être rapide pour préparer les choses. Car un livre en ouvre un autre, et un discours en explique un autre ; parce que ce qui est incomplet dans l'un est complet dans l'autre. Il ne peut bien s'habituer à la *practica* celui dont l'esprit répugne à transpirer sur la théorie. Car il va vers la pratique comme un âne à un banquet, ignorant comment et vers quoi il tend le museau et la bouche »[153].

La source d'Arnaud et de Lulle est un texte du *De perfecto magisterio* pseudo-aristotélicien qui semble, tout au contraire, affirmer la primauté de l'*experientia* sur la méditation[154]. « Certains sophistes, ignorant la nature des choses, méconnaissant le secret de la philosophie et insouciants de ses règles, s'ils trouvent des textes à ce sujet ne les comprennent pas ; et quand après le travail ils ne trouvent rien dans leurs mains, ils attribuent à la Philosophie l'erreur de leur incompétence (*imperitiae errorem*) et clament que cet art est non seulement difficile, mais impossible ; la philosophie n'a cure de ces gens-là ; en effet elle n'invite pas tout le monde à ce banquet, mais seulement ceux qui sont trouvés dignes de s'y asseoir et de s'y restaurer merveilleusement. Mettez donc vos efforts, mon fils, à ne point être un sophiste, mais un philosophe, de manière à connaître les vertus des choses non seulement par

149. PS. THOMAS, *De mutliplicatione*, p. 100 Goltz-Telle-Vermeer.

150. ORTHOLANUS, *Practica*, dans *Theatrum chemicum*, IV, Strasbourg, 1659, p. 912.

151. LULLE, *Testament*, p. 708 Manget.

152. LULLE, *Testament*, p. 727 Manget.

153. ARNAUD, *Rosarium*, préface, p. 662 Manget.

154. PSEUDO-ARISTOTE, *De perfecto magisterio*, p. 641 Manget.

la méditation, mais par la méditation et l'expérience. En effet, la méditation sans l'expérience ne sert à rien, mais l'expérience sans méditation est utile. C'est pourquoi il faut plus rechercher l'expérience que la méditation. Qui donc a obtenu l'expérience d'un tel art, j'ai fait en sorte de vous persuader que l'opération commencée vous ne vous relâchiez pas, et si à la première fois vous n'avez pas réussi, recommencez deux fois, trois fois et même plus, jusqu'à obtenir parfaitement l'effet de votre désir, et que ni le travail vain sur des choses vaines, ni les dépenses ne vous détournent de l'œuvre ; car quand vous aurez triomphé par votre patience, vaincu par votre sagesse, et atteint avec l'aide de Dieu l'objet de votre désir, alors vous récupérerez par le labeur de vos mains le gain et le prix de vos dépenses ».

La contradiction n'est qu'apparente. En effet, l'*experientia*, c'est-à-dire la réalisation du procédé au laboratoire, a pour principale utilité de démontrer à l'opérateur qu'il a compris l'art. Mais si l'expérience échoue, il faut la recommencer. Car si la réussite du procédé confirme « expérimentalement » la théorie, elle ne tranche jamais de sa véracité. Les anciens ont raison quoi qu'il arrive au laboratoire.

Les auteurs ici sont formels. Le pseudo-Geber (Paul de Tarente) observe que les *experimentatores*, c'est-à-dire les praticiens, échouent dans l'application des procédés. Beaucoup d'entre eux se découragent et estiment que l'art est impossible. En réalité, l'échec d'une pratique particulière n'entraîne pas la fausseté de l'art (*non interimunt itaque artem*)[155]. Dans des cas de ce genre, comme l'observe Arnaud[156], c'est que les écrits du maître n'ont pas été compris.

Le problème a été traité à l'extrême fin du XIVe siècle par l'alchimiste Bernard de Trèves dans sa *Lettre à Thomas de Bologne*[157]. Bernard y réagit contre l'abus de l'*expertum est, probatum est* en ramenant l'*experientia* à sa juste place, une pure et simple application de la théorie. « Dans cet art sacré et secret, comme dans les autres arts, l'expérience de la pratique (*experientia practicae*) doit corroborer la vérité de la théorie (*veritatem theoricae*) (...) Par ailleurs, il appartient à votre sagesse, comme vous le savez bien, d'examiner les choses par leurs causes, car l'expérience est trompeuse (*experimentum fallax est*)[158] si la connaissance ne la précède pas (*cujus notitia non praecesserit*). Les véritables philosophes ont une solide méditation critique (*firma discretionis meditatio*) pour que la réalisation de l'œuvre soit menée

155. GEBER, *Summa*, p. 294-320 Newman.
156. ARNAUD, *Novum lumen*, p. 679 Manget.
157. BERNARD DE TREVES, p. 399 Manget.
158. C'est une traduction du premier *Aphorisme* d'Hippocrate.

commodément à son terme. Le risque d'erreur survient chez ceux qui veulent toucher à l'œuvre en omettant et en négligeant le jugement d'une pratique mentale (*mentalis practicae judicio*). Cette pratique mentale, c'est la théorie qui la réalise dans l'esprit avant les opérations de la confection de l'œuvre. Car l'œuvre requiert la nature, et non l'inverse. Celui qui veut donc comprendre la nature des choses et leur évolution, qu'il mette ensuite tranquillement les mains à l'ouvrage »[159]. L'expression *mentalis practicae judicio* mérite que l'on s'y arrête. Il s'agit, avant de mettre la main aux appareils, de structurer, dans son esprit toute la *practica* sous la forme d'une séquence d'expériences de pensée.

S'il y a contradiction entre le schéma mental et la pratique de laboratoire, c'est le laboratoire qui doit céder. Ainsi, certains opérateurs arrivent à produire à partir d'étain ou d'or, une huile d'or, ils ne doivent pas tirer de ce *fallax experimentum* que c'est la voie de la transmutation. Bernard reproche à Arnaud de Villeneuve d'avoir traité des *experimenta* sans connaissance des causes. Mieux encore, l'*experientia* est le fait des sophistes et des rhéteurs « il ne faut pas adhérer aux expériences des sophistes, car la vérité naturelle de l'art réfute ce travail sophistiqué et montre sa fausseté »[160].

Ceci s'explique par les conditions concrètes du travail de l'alchimiste.

L'alchimiste est d'abord un homme seul devant un livre. Le livre affirme que les anciens ont réalisé le magistère (*expertum*), et l'alchimiste le croit. Mais l'alchimiste ne comprend pas comment. Ou bien l'ancien est jaloux (*invidiosus*), c'est-à-dire obscur. Il peut s'agir d'une obscurité intentionnelle, ou d'une mauvaise traduction. Ou bien l'auteur est charitable et son texte apparemment facile à appliquer au laboratoire. Mais le verdict du laboratoire est ambigu. Les premières opérations décrites dans une *practica* sont réellement reproductibles, encouragent le chercheur, et justifient la *theorica*. Les phases ultérieures, c'est-à-dire la transmutation, même si elles sont expliquées clairement, sont bien entendu impossibles. D'autre part, les méthodes d'essai (pierre de touche, coupellation, cémentation) sont toujours présentes dans les traités et permettent de savoir que l'on n'est pas arrivé au but.

Ainsi, bien des autobiographies d'alchimistes se ramènent à une lutte entre l'*experimentum* et l'essai. Les rares confidences d'alchimistes qui ne soient pas des fictions littéraires reflètent la recherche fiévreuse du bon texte et les efforts pour le comprendre. Le manuscrit latin 14005 de la Bibliothèque Nationale contient la collection de procédés de l'alchimiste Léonard de

159. BERNARD, p. 406.
160. BERNARD, p. 408 A.

Maurperg (2e moitié du XIVe siècle). Léonard raconte comment il a reçu, copié, acheté très cher des procédés en Europe et en Asie Mineure[161].

Il les applique, avec des résultats variables, et il attribue les échecs à ses propres erreurs, par exemple (f. 125 r-v) « Quand j'examinai cette matière et que je travaillai, alors il n'avait pas tous ses degrés, alors je le vendis à Presbourg, et il fut examiné par Jacques Ventur, qui dit que c'était à cause de l'orpiment ». Ou encore « Et je réalisai (le procédé) par moi-même, mais je commis une toute petite erreur, que grâce à Dieu je corrigeai, et la deuxième opération fut complètement réussie ». La confiance dans les grands auteurs se mêle à la défiance des confrères et de soi-même.

Cette ambigüité de l'*experimentum* alchimique explique comment un auteur peut écrire un mode opératoire après avoir lui-même échoué.

C'est le statut de l'expérience ultime, la transmutation. Prenons le *Liber lucis* de Jean de Roquetaillade (XIVe s.)[162]. Il commence par des expériences reproductibles aujourd'hui en laboratoire sur le mercure vulgaire et le soufre des philosophes, c'est-à-dire le principe sulfureux tiré du vitriol romain (sulfate de fer). On produit d'abord des chlorures et des nitrates, à force de sublimations du calomel, du sublimé corrosif, puis une mystérieuse substance, le lait de vierge. Les propriétés attribuées à cette dernière substance ne correspondent à rien de connu. L'idée apparaît clairement qu'elle résulte du perfectionnement des méthodes. Il s'agit d'une expérience de pensée, tellement incluse dans la logique du système qu'elle doit se passer, mieux qu'elle se passe.

Enfin, les ambiguïtés de l'expérience alchimique donnent des éléments pour comprendre les récits de transmutation qui empliront la littérature alchimique du XVIe et du XVIIe siècles. On peut observer que ces récits sont rares au Moyen Âge, mais qu'ils se multiplient à partir du moment où l'alchimie, au terme de sa période créative, ne peut plus avancer de justification théorique et dont la seule preuve possible est la réussite de transmutations. Ces récits sont rhétoriquement construits à coups de *topoi*. L'opération est réalisée par un inconnu, qui disparaît aussitôt après. Le témoin est un personnage dont la position sociale ou scientifique donne du poids à l'*experimentum*, et qui est nécessairement opposé à l'alchimie pour écarter le soupçon de crédulité. Enfin, un essayeur est nécessaire pour apporter la compétence critique.

161. J. CORBETT, « L'alchimiste Léonard de Maurperg (XIVe siècle). Sa collection de recettes et ses voyages », dans *Bibliothèque de l'École des Chartes*, 97 (1936), p. 131-141.

162. R. HALLEUX, « Notice sur les ouvrages alchimiques de Jean de Rupescissa », dans *Histoire littéraire de la France*, 41, Paris, 1981, p. 241-284.

Quelle que soit la valeur historique du témoignage, il est construit sur le modèle de l'*exemplum* médiéval.

La pratique des expériences à la Révolution Scientifique s'enracine profondément dans les arts mécaniques. Elle est promue par le contexte économique et industriel. Elle a des formes multiples. Les essayeurs fournissent les procédures de contrôle, la rigueur des protocoles, la quantification. Chez les ingénieurs, les modèles réduits et l'instrument passent du statut du support pédagogique à celui d'outil de recherche. Les *experimenta* des réceptaires et des alchimistes, soumis à la critique, acquièrent le statut de faits scientifiques susceptibles de mettre en cause les théories. En revanche, les alchimistes, prisonniers de la tradition, échouent à libérer le laboratoire du poids de l'autorité. Comme telle, l'expérience reste rhétorique[163], tributaire des conditions techniques de sa réalisation et fort incertaine aux yeux des meilleurs esprits. Tel le chanoine liégeois René-François de Sluse (1622-1688), confident de Pascal et de Huygens qui, face aux expériences du vide et du choc des corps pratique la suspension de jugement, l'*épokhê* des sceptiques[164] et se réfugie dans le premier aphorisme, mal interprété, du maître de Cos : *experientia fallax*[165].

163. Peter DEAR, « Narratives, Anecdotes, and Experiments : Turning Experience into Science in the Seventeenth Century », dans P.DEAR (ed.), *The Literary Structure of Scientific Argument*, University of Pennsylvania Press, 1991, p. 136-163.

164. A.-C. BERNES, R. HALLEUX, « Scepticisme, expérience et calcul chez René-François de Sluse », dans P. F. MOREAU, *Le scepticisme au XVIe et au XVIIe siècle*, t. II, Paris, Albin Michel, 2001, p. 202-221..

165. Il faudrait faire l'histoire des traductions et des contresens de l'aphorisme hippocratique. Ainsi Nicolas LEONICENUS, *Hippocratis aphorismi, cum Galeni commentariis*, s.l., 1527, f. 12, traduit *experimentum periculosum* et reproduit le commentaire galénique *Et quum duo sint instrumenta ad artes inveniendas necessaria, alterum scilicet experimentum, periculosum est ; alterum vero, ex ratione judicium haudquaquam facile existit (...) experimentum vero periculosum propter materiae dignitatem non propter transmutationis felicitatem*. Même traduction dans J. OPSOPOEUS, *Hippocrates Coi, medicorum principis, iusiurandum Aphorismorum sectiones VIII. Prognostica. Prorrheticum lib. II. Coaca praesagia. Graecus et latinus*, Frankfurt, 1587, p. 36-37. Une autre tradition conserve *experientia fallax* par exemple F.A. BOSQUILLON, *Hippocratis aphorismi et praenotionum liber*, Paris, 1784, p. 3.

Chapitre 2

LES THÉORIES DE LA MATIÈRE

Jusqu'au XXe siècle, la réflexion sur la constitution de la matière s'est appliquée à réduire le monde à des constituants premiers simples qualitativement et/ou quantitativement, et à expliquer par leurs mélanges et leurs combinaisons l'infinie diversité des choses. La quête du simple quantitatif a conduit aux philosophies atomistiques et aux intuitions du discontinu. La quête du simple qualitatif a conduit à la notion d'élément chimique[1].

La philosophie naturelle part des principes ou des éléments. Le latin *principium* est l'équivalent du grec *archê*, qui désigne le commencement. C'est le terme premier de la composition et donc le terme ultime de la décomposition. *Elementum* correspond au grec *stoicheion* qui désigne les lettres de l'alphabet[2]. C'est l'alphabet des choses, qui écrit le livre du monde. Selon Cicéron, il y a autant de chances pour que le monde résulte d'un concours fortuit d'éléments, et pour qu'en jetant au hasard les lettres de l'alphabet on obtienne *l'Iliade* et *l'Odyssée*[3].

On va montrer que si l'intuition du simple est fondamentalement philosophique, elle n'a cessé de se confronter à une technique qui évoluait, et que les mutations de la technique lui ont imposé des ruptures et des refontes. Les théories de la matière de l'époque préindustrielle sont très largement le reflet théorisé des savoirs de production.

1. R. HOOYKAAS, *The concept of element. Its Historical Philosophical Development*, trad. H. KUBBINGA, Utrecht, 1983 ; B. BENSAUDE-VINCENT, *Les Pièges de l'élémentaire. Contribution à l'histoire de l'élément chimique*, thèse, 1981.

2. ARISTOTE, *Métaphysique*, IV, 3, 1014 a 25 - b 15 ; H. DIELS, *Elementum*, Leipzig, 1899.

3. CICERON, *De natura deorum*, II, 37-93.

La matière saisie par l'œil et la main

La représentation que l'ouvrier ancien se faisait de la matière qu'il travaillait nous demeure généralement inconnue. Elle se révèle quelquefois dans l'objet fabriqué. Ainsi, le métallographe Cyril Stanley Smith a analysé les concepts de structure sous-jacents aux aciers indiens et aux armes damassées[4].

Il existe, dès l'Antiquité, des textes qui nous parlent des substances et des gestes sur les substances, par exemple les recettes ou les lapidaires. Ils se fondent sur des pratiques, mais nous livrent d'abord leurs représentations mentales chez l'opérateur ou chez le scripteur.

Prenons dans les *Compositions de Lucques*[5] (VIIIe s.) une recette de colle : « Collage du bois avec de l'eau. Colle de poisson, 1 drachme, colle de peau de taureau, 1 drachme, lait de figuier, 1 drachme, suc d'euphorbe, 1 drachme. Mêlez dans de l'eau. Cuisez. C'est une colle pour les bois rabotés. Pour coller bois sur bois, un seul des trois précités. Pour coller os sur bois, colle de fromage 1 drachme mêlée avec colle de poisson, 2 et mettez à cuire ensemble et appliquez à chaud. Chauffez un peu les os eux-mêmes avant d'enduire ».

La chimie pratique des anciens est une chimie des propriétés. Elle utilise des substances naturelles, donc impures, dont elle ne connaît pas la composition, mais bien le comportement. Ceci amène le praticien d'autrefois à constituer des familles de substances ayant des propriétés identiques ou apparentées (visqueux, collant, fusible, piquant) et des familles de relations ou de réactions (les corrosions, les fusions, les solutions dans l'eau, les changements de couleur). Ainsi, les substances piquantes ou corrosives (*acutae*) comprennent aussi bien des acides que des bases. Il en va de même pour les astringents, les visqueux, les volatils, les incendiaires. Ainsi, le collage et le soudage sont la même opération (*kollaô* en grec). Cette structure de fonctionnement a pour conséquence deux mécanismes complémentaires : la polypharmacie, c'est-à-dire l'addition de substances ayant des propriétés ou des effets apparentés, et la substitution ou *quid pro quo* (ancêtre de notre quiproquo), remplacement d'une substance par une autre, plus facile à trouver, mais dotée de propriétés semblables. Ces processus ont des conséquences terminologiques, car le succédané prend fréquemment le nom de la substance qu'il remplace.

4. C.S. SMITH, *A History of Metallography*, 2e ed., Chicago, 1988 ; voir aussi Philip BALL, « Where is There Wisdom to be Found in Ancient Materials Technologies ? », *MRS Bulletin*, 30 (mars 2005), p. 149-151.

5. *Compositiones Lucenses*, X, 14-19 ed. Hedfors.

Le même mode d'appréhension de la matière est à l'œuvre dans le monde minéral. Certes, les joailliers, les carriers et les lapidaires sont morts avec leurs secrets. La minéralogie, c'est-à-dire l'étude physico-chimique des substances inorganiques d'origine naturelle, ne se constitue en science qu'au XIXe siècle, fondée sur la chimie de Lavoisier et la cristallographie de Haüy et de Romé de l'Isle. Mais dès l'Antiquité les minéraux font l'objet d'une littérature considérable qui relève de plusieurs traditions : ouvrages théoriques de description et de classification (Théophraste, Albert le Grand, Agricola), traités des simples utilisés en pharmacopée (Dioscoride, Platearius), lapidaires médico-magiques, astrologiques ou allégoriques, encyclopédies (Pline, Isidore). Quel que soit leur genre, ces textes ont la même façon d'appréhender les minéraux par l'œil et par la main.

La couleur est le premier critère. Les noms gréco-latins en *-tes*, *-tis* renvoient à la couleur d'une matière mieux connue : la galactite (craie de tailleur) évoque le lait et l'hématite (oxyde de fer), broyée dans l'eau évoque le sang[6]. Le grec et le latin déploient une grande virtuosité lexicale (préfixes, suffixes) pour rejoindre la variété de la nature. En même temps, c'est un critère trompeur qui entraîne de nombreuses confusions, ainsi pour les bleus entre le saphir, l'azurite, le lapis-lazuli et les bleus de cobalt. En même temps, la couleur supporte de très vieilles associations : le cristal de roche, transparent comme de l'eau, porte le nom de la glace (*krystallos*) et passe pour de l'eau solidifiée par les siècles[7]. La forme est un critère accessoire. Ainsi, les cristallisations, comme les pétrifications sont des *lapides figurati*, c'est-à-dire des pierres qui ont une forme particulière, due au caprice de la nature. Conrad Gesner leur consacre un traité spécial en 1565[8]. En revanche, nombreuses sont les références à la structure et à la dureté qui ne se révèlent qu'à l'outil. Ainsi, la description de l'orpiment (*arsenikon*) As_2S_3 chez Dioscoride[9]. « Il faut tenir pour le meilleur celui qui est feuilleté et de couleur dorée, qui consiste en feuillets écaillés reposant les uns sur les autres, sans mélange d'autre matière. Tel est celui qui se forme en Lydie et dans l'Hellespont. Il y en a deux espèces, l'une comme on a dit, l'autre massive, couleur de réalgar, que l'on importe du Pont et de la Cappadoce. Il est de qualité inférieure ». De

6. G. REDARD, *Les noms en -tes, -tis et principalement -ites, -itis*, Paris, 1949 (*Études et commentaires*, 6).

7. R. HALLEUX, *Le cristal dans les traditions lapidaires* dans J. TOUSSAINT (ed.), *Pierre de lumière. Le cristal de roche dans l'art et l'archéologie*, Namur, 2007, p. 45-55.

8. Conrad GESNER, *De omnium rerum fossilium, gemmarum et lapidum maxime, figuris et similitudinibus liber*, Zurich, 1565. De même les céraunies ou pierre de foudre qui sont des haches néolithiques, voir P. COGELS, *Céraunies et Pierres de foudre. Histoire et bibliographie*, Anvers, 1907.

9. DIOSCORIDE, V, 104.

même on distingue les pierres qui se travaillent à la lime, au ciseau, au diamant. La *Mappae clavicula* classe ainsi les gemmes selon les abrasifs qui leur sont appropriés[10]. « Toute pierre de nature plus dure, comme l'hyacinthe, l'albandine, l'escarboucle, sont frottées à la pierre d'émeri sur une table de plomb, jusqu'à ce qu'elle prenne la forme que le tailleur veut lui donner. Ensuite on la frotte à la lavure de la même pierre sur laquelle d'abord on la frottait, jusqu'à ce qu'elle soit lisse. On la fait briller de cette manière, mais l'hyacinthe dans la poudre de pierre à feu[11] brûlée sur une plaque de cuivre. Les autres sont brillantées soit à la poudre de craie de Cimolos[12], soit à la poudre d'argile qui se fait avec d'anciens vases, sur une tige de bois de tremble ou d'aulne. Mais les gemmes de nature plus molle sont frottées jusqu'à prendre forme, dans la poudre de pierre de sable sur le plomb. C'est le cas de l'améthyste, du cristal, de l'onyx, du jaspe, du béryl ; ensuite on les frotte jusqu'à ce qu'elles soient lisses dans la lavure de la même poudre. On les brillante dans la poudre de pierre à feu brûlée sur une plaque de cuivre. Il faut frotter le verre sur la pierre de sable jusqu'à ce qu'il prenne forme ; ensuite sur le plomb, dans la poudre fine de pierre de sable, jusqu'à ce qu'il soit lisse ; ensuite sur une tige de bois, dans une frotture de vieille poterie, sur une pierre avec de l'eau[13] ; finalement elle prend du brillant dans la terre de Cimolos et ceci sur une tige de bois. On concasse l'émeri au marteau sur une enclume dure en poudre menue ; que l'on fasse une table de plomb sur un établi de bois ; et on épand sur elle la poudre de cette pierre, et dans elle on peut former n'importe quelle gemme ; on frotte avec de l'eau, jusqu'à ce qu'elle prenne la forme que le tailleur (*cavator*) veut lui donner ; ensuite on prend la même poudre et on la lave ; ce qui est le plus fin, on le met sur une autre plaque de plomb et on y frotte n'importe quelle pierre jusqu'à ce qu'elle soit lisse ».

En 1609, Anselme Boèce de Boodt, conservateur des collections minéralogiques de Rodolphe II, proposera cinq degrés de dureté : les pierres molles (friables à la main) ; les pierres qui ne peuvent se rayer qu'à la lame d'acier (turquoise) ; les pierres qui ne peuvent s'user qu'à l'émeri (jaspe) ; les pierres qui ne peuvent s'user qu'au diamant (topaze). Cette méthode sera développée par Mohs dans son échelle des dix minéraux étalons dont chacun raie tous les précédents[14].

10. *Mappae clavicula*, 146, p. 217, d'après la partie perdue des *Compositiones*.

11. Pyrite de fer qui servait à allumer le feu.

12. Craie produite dans les Cyclades et utilisée comme adsorbant en pharmacopée.

13. Pierre à aiguiser à l'eau.

14. Anselme Boèce DE BOODT, *Gemmarum et lapidum historia*, Hanau, 1609, p. 2-3 ; voir R. HALLEUX, « L'œuvre minéralogique d'Anselme Boèce de Boodt (1550-1632) », dans *Histoire et nature*, 14 (1979), 63-78.

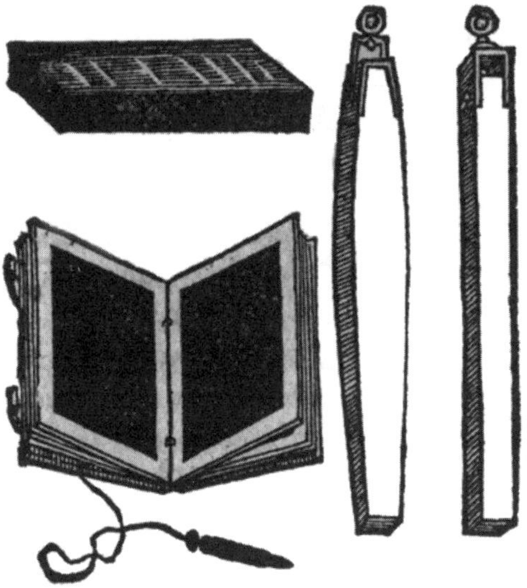

Pierre de touche à rayures, pierres à aiguiser, ardoise à écrire et touche d'après Conrad Gesner, 1565, collection CHST

Les quatre éléments comme superstructure théorique d'une technique

Le modèle des quatre éléments – le plus robuste qui fut jamais – a structuré la vision occidentale du monde pendant deux millénaires et demi[15]. La tradition doxographique en crédite Empédocle, mais elle remonte bien plus haut. La division de l'univers en quatre zones est impliquée dans les serments homériques où les dieux attestent le ciel, le soleil-feu, la terre et l'eau du Styx[16]. Elle est également présente, sous une autre forme, dans la division du

15. L'ouvrage très documenté du chanoine Jacques LAMINNE, *Les quatre éléments. Le feu, l'air, l'eau, la terre. Histoire d'une hypothèse*, Bruxelles, 1903 (*Mémoires couronnés et autres mémoires publiés par l'Académie Royale de Belgique*, 65) concluait avec regret (p. 191). « Nous ne prétendons pas qu'aucun fait scientifique contredise la théorie péripatéticienne de la matière première et de la forme substantielle ; nous croyons seulement que les phénomènes physico-chimiques, *tels qu'ils nous sont connus aujourd'hui* ne fournissent pas d'argument en faveur de cette théorie, et d'une manière plus générale, qu'il n'est pas possible de se servir de l'hypothèse des quatre éléments pour l'explication des phénomènes chimiques, en se contentant de remplacer les éléments des anciens par les corps simples de la chimie moderne ».

16. M. BOLLACK, « Styx et serments », dans *Revue des Études Grecques*, 71 (1958), p. 10 suiv.

monde que Poseidon invoque dans *l'Iliade* : ciel de Zeus, brume d'Hadès, mer et lot commun de terre[17]. Empédocle transforme cette quadripartition du monde en un principe quadruple[18].

Mais c'est Aristote qui en a fixé le système pour deux mille ans et qui l'a appliqué aux domaines les plus divers de la science, dans le groupe logiquement ordonné de ses traités physiques[19] : la *Physique*, le *De coelo*, le *De generatione et corruptione*, les *Météorologiques*. Le *De coelo* traite de l'ordre du monde et des éléments qui le constituent, soit les quatre éléments sublunaires et le cinquième, l'éther, constituant les corps célestes. Ces éléments sont caractérisés chacun par un mouvement local naturel qui leur est propre (de haut en bas ou de bas en haut pour les sublunaires, le mouvement circulaire pour les astres). Dans le *De generatione et corruptione*, il étudie de façon théorique la production et la transformation des quatre éléments sublunaires[20]. Ceux-ci sont produits lorsque la matière première indifférenciée subit l'action des quatre qualités fondamentales : le chaud, le froid, qualités actives ; le sec et l'humide, qualités passives. Le chaud et le sec donnent le feu ; le chaud et l'humide, l'air ; le froid et le sec, la terre ; le froid et l'humide, l'eau. Chacun de ces quatre éléments peut se transformer en un autre à condition qu'une qualité soit remplacée par son contraire. Cela se produit d'abord dans les éléments qui ont une qualité commune (*elementa symbola*). Ainsi, si le sec est dominé par l'humide, le feu deviendra de l'air qui, lui-même, donnera de l'eau si le chaud est vaincu par le froid. La transformation des autres éléments qui n'ont aucune propriété commune (*elementa dissymbola*), comme l'air en terre ou l'eau en feu, est plus difficile, mais s'opère cependant.

En fait, né de la considération des phénomènes météorologiques, le modèle des quatre éléments transpose en processus physico-chimiques généraux une technologie surtout métallurgique fondée sur le couple fusion-solidification. Or, argent, cuivre, étain, fer, plomb et verre présentent des caractéristiques communes. Solides semi-plastiques au sens de Leroi-Gourhan, ils fondent et se solidifient. Ils sont donc fondamentalement des mélanges d'eau et de terre, dont les proportions diverses expliquent, par exemple, que certains rouillent et d'autres non. Le fer, que l'on ne pouvait couler, mais seule-

17. HOMERE, *Iliade*, 15, 187.

18. J. BOLLACK, *Empédocle*, Paris, Minuit, 1965, 3 t. en 4 vol.

19. A. MANSION, *Introduction à la physique aristotélicienne*, 2e éd., Louvain-Paris, 1945 ; F. SOLMSEN, *Aristotle's System of the Physical World*, Ithaca, 1960.

20. C. G. A. SEECK, *Über die Elemente in der Kosmologie des Aristoteles. Untersuchungen zu* De generatione et corruptione *und* De caelo, Munich, 1964.

ment produire à l'état pâteux, contenait surtout de la terre, et le mercure, perpétuellement liquide et prompt à s'évaporer, contenait surtout de l'air[21].

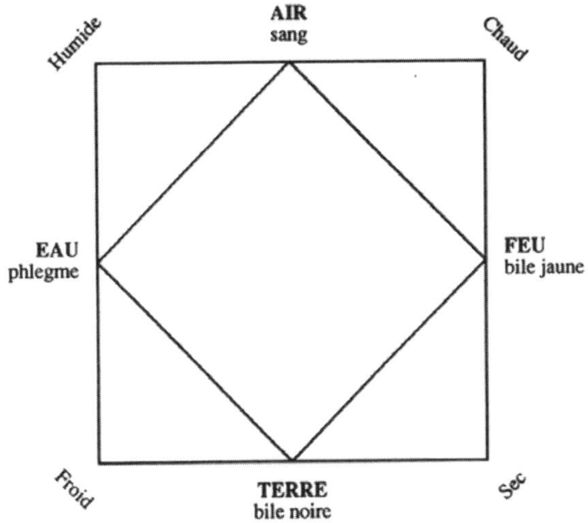

Le livre IV des *Météorologiques* est quelquefois appelé le traité chimique d'Aristote. Quoique certains modernes l'aient tenu pour apocryphe, il s'agit d'un traité indépendant, authentiquement aristotélicien, connexe au traité *De la génération et de la corruption*[22]. Aristote y explique, par l'action des deux qualités actives, le chaud et le froid, sur les deux qualités passives, le sec et l'humide, des phénomènes chimiques comme la putréfaction, la coction (maturation, ébullition, grillage), la solidification et la fusion, et généralement toutes les propriétés des corps[23] telles que « solidifiable/non solidifiable, fusible/non fusible, amollissable/non amollissable par la chaleur, amollissable/non amollissable par l'eau, flexible/non flexible, friable/non friable, apte à conserver les empreintes/inapte à conserver les empreintes, plastique/non plastique, compressible/incompressible, étirable/non étirable, ductile/non

21. R. HALLEUX, *Le problème des métaux dans la science antique*, Paris, 1974, p. 179-198.

22. Cristina VIANO (ed.), *Aristoteles chemicus. Il IV libro dei Meteorologica nella tradizione antica e medievale*, Sankt Augustin, Academia Verlag, 2002 (*International Aristotle Studies*, I) avec la litterature antérieure.

23. ARISTOTE, *Météorologiques, texte établi et traduit par* P. LOUIS, Paris, 1982 (*Collection des Universités de France*). On consultera toujours avec profit l'ancienne traduction de J. TRICOT, *Aristote. Les Météorologiques*, Paris, Vrin, 1941, p. 225-299 qui utilise les commentateurs anciens, de l'Antiquité au XVIIe siècle.

ductile, fissile/non fissile, sécable/insécable, visqueux/fluide, foulable/non foulable, combustible/incombustible, vaporisable/non vaporisable[24] ». Ces propriétés se révèlent par des gestes techniques et, de fait, les références sont nombreuses à la cuisine, à la métallurgie, à la céramique, à la vinification, à la fabrication du fromage, à la vannerie, au travail de la corne et du bois, ainsi qu'à des phénomènes physiologiques.

Dans le Moyen Âge arabe, puis occidental, le modèle des quatre éléments ne fut pas remis en cause, mais on lui apporta diverses retouches, que les historiens ont bien retracées, mais sans en trouver la cause. On va montrer qu'elles furent imposées par la pratique. On sait que les alchimistes arabo-latins expliquaient la formation et la nature des métaux, non plus par la terre et l'eau, mais par le soufre et le mercure. Le soufre, principe combustible, était responsable de l'oxydation et de la corrosion, le mercure, responsable de la fusibilité et des propriétés caractéristiques de l'état métallique. L'origine de cette idée est obscure. Elle apparaît pour la première fois dans un apocryphe arabe du IXe siècle, le *Livre du secret de la création* attribué à Balīnūs (Apollonios de Tyane)[25]. La génération des métaux (livre III) y est traitée dans l'esprit des *Météorologiques* d'Aristote[26].

Dans les trois premiers livres des *Météorologiques*, Aristote avait appliqué la théorie des quatre éléments au domaine géophysique, c'est-à-dire aux phénomènes de la terre dans le sens le plus large. Lorsque notre globe terrestre, mélange de terre et d'eau, est échauffé par le soleil, il se produit deux exhalaisons. L'une, provenant de l'élément terre, est de la nature de la fumée. S'embrasant aisément, elle est à l'origine des aurores boréales, de la foudre, des comètes, de tous les météores ignés. L'autre, provenant de l'eau, est une sorte de vapeur dont la condensation produit la pluie, la neige, la grêle, le givre et, indirectement, les rivières et la mer. A la fin du livre III des *Météorologiques* (III, 6). Aristote étend son exposé aux phénomènes géologiques en étudiant ce que deviennent les exhalaisons une fois enfermées dans les entrailles de la terre. L'exhalaison sèche s'embrase et, en brûlant la terre qui la contient, produit les minéraux qui, pour la technique de l'époque, étaient non fusibles ; l'ocre, le vermillon, le réalgar et toutes les terres colorées. L'exhalaison humide se congèle et produit les métaux comme le fer, l'or, le

24. ARISTOTE, *Météorologiques*, IV, 8, 385 a 10-18.

25. U.WEISSER, *Das Buch über das Geheimnis der Schöpfung von pseudo-Apollonios von Tyana*, Berlin-New York, De Gruyter, 1980, p. 103-115. L'édition du texte arabe a été publiée à Alep en 1979.

26. Pinella TRAVAGLIA, « I Meteorologica nella tradizione ermetica araba : il Kitāb sirr al-haliqā », dans C. VIANO (ed.), *Aristoteles chemicus*, p. 99-112.

cuivre[27]. Chez le pseudo-Apollonios, le mercure, issu de l'eau est mis en rapport avec l'exhalaison humide et le soufre avec l'exhalaison sèche.

Il s'agit ici d'intégrer à la métallogénie les techniques de sublimation et de distillation de l'école de Zosime. On sait que, du point de vue technique, les alchimistes grecs se partagent en deux traditions : l'école de Démocrite procède par cuisson, soit par voie sèche (cémentation, cofusion), soit par voie humide (bains tinctoriaux), tandis que la tradition de Marie la Juive et de Zosime opère sur le fixe et le volatil par sublimation (à l'aludel), distillation (à l'alambic) et fixation (à la kerotakis). Dans ces techniques, les matériaux privilégiés sont le mercure et les matières sulfureuses. Pour Zosime (IIIe s.), le mercure « eau divine » est le constituant des métaux[28]. Dès le XIIe siècle, ces idées apparaissent en Occident[29] et Marius de Salerne les évoque dans son *Traité des éléments*[30]. Elles en viendront à contaminer la tradition aristotélicienne. En 1156, Henri Aristippe, archidiacre de Catane, traduisit du grec les trois premiers livres des *Météorologiques*[31]. Pour compléter les informations, on y ajouta trois chapitres du *Kitâb al-Shifâ* d'Avicenne, traduits par Alfred l'Anglais, qui exposaient la genèse des métaux par le soufre et le mercure[32]. Ces chapitres *De congelatione* et *conglutinatione lapidum*, joints à la *translatio vetus* des *Météorologiques*, passèrent jusqu'au XVIe siècle pour représenter la pensée même du Stagirite[33], en sorte que les scolastiques s'évertuèrent à élaborer des modèles de compromis de plus en plus subtils, aptes à concilier la tradition avec la nouvelle évidence du laboratoire.

27. R. HALLEUX, *Problème des métaux*, p. 97-103.

28. ZOSIME DE PANOPOLIS, *Mémoires authentiques*. Texte établi et traduit par Michèle MERTENS, Paris, Belles Lettres, 2005 (*Collection des Universités de France*).

29. Avec la traduction de Balīnūs par Hugues de Santalla et l'*Epistola ad Hasen regem* pseudo-avicennienne.

30. MARIUS, *On the elements. A critical Edition and Translation* by R. C. DALES, University of California Press, 1976, p. 153-155. *Hoc quoque inde verum esse probatur, quod quando hec in igne liquescunt vivo argento consimilia sunt.*

31. Sur ce traducteur mort en 1162, F.H. FOBES, « Medieval versions of Aristotle's Meteorology », dans *Classical Philology*, 10 (1915), 297-314 ; C.H. HASKINS, *Studies in the History of Medieval Science*, 2e ed., Cambridge, Mass., 1927, réimpr. New York, 1960 ; L. MINIO PALUELLO, « Henri Aristippe, Guillaume de Moerbeke et les traductions latines médiévales des *Météorologiques* et du *De generatione et corruptione* d'Aristote », dans *Rev. phil. de Louvain*, 45 (1947), p. 206-235.

32. J. K. OTTE, « The Life and Writings of Alfredus Anglicus », dans *Viator*, 3 (1972), p. 275-291 ; « The Role of Alfred of Sareshel (Alfredus Anglicus) and his commentary on the Meteora in the Reacquisition of Aristotle », dans *Viator*, 7 (1976), p. 197-209.

33. E. J. HOLMYARD, D.C. MANDEVILLE, *Avicennae de congelatione et conglutinatione lapidum being sections of the Kitāb al Shifā'*, Paris, 1927. Cette édition contient le texte arabe et une version très incorrecte de la traduction latine.

Le cas d'Albert le Grand est particulièrement intéressant. Dans ses *Météores*, il élargit largement la base empirique du quatrième livre d'Artistote. Au long de ses voyages, les techniciens l'ont renseigné sur l'or alluvionnaire[34], sur la coupellation du plomb argentifère[35], la trempe du fer[36], l'augmentation du poids des métaux par les faussaires[37], les mèches d'amiante[38], l'embrasement des vapeurs de vin[39], les mines de charbon[40], les alliages[41], la fermentation du moût[42].

Il a lu bon nombre de traités alchimiques, et discute les cas où les réalisations techniques de l'alchimie posent des difficultés à la théorie aristotélicienne[43].

Dans son *Traité des minéraux* (*De mineralibus*), achevé vers 1261-1262, Albert n'a pas de modèle aristotélicien à commenter. Il réalise donc une synthèse entre les cadres généraux de l'aristotélisme, les idées alchimiques du *de congelatione* et des apocryphes avicenniens et l'évidence empirique fournie par les techniques de son temps[44].

Ainsi, à propos de la cause matérielle des pierres, il affirme avec Avicenne que la formation des pierres à partir de terre (gravier, sable, poussière) nécessite un élément liant, l'eau. Il en résulte des mélanges où prédomine soit la terre, soit l'eau. Ainsi, les pierres transparentes contiennent une majorité d'eau. « Car les pierres sont une sorte de verre produit par les opérations de la nature ; c'est pourquoi elles sont d'un mélange plus subtil et d'une plus grande transparence que le verre fait artificiellement, car quoique l'art puisse imiter la nature, il ne peut atteindre la perfection totale de la nature. Et la preuve de ce que nous avons dit – à savoir que l'eau ayant subi le sec, chaud ou froid, est la matière commune de ces pierres transparentes, est que le verre est fait d'une humidité de cette sorte, qui est fondue à partir de diverses cendres, de plomb, de silex, de fer ou autre chose, par le feu le plus fort. Que

34. *Meteora*, p. 586 Borgnet.

35. *Ibid.*

36. *Meteora*, p. 760.

37. *Meteora*, p. 778.

38. *Meteora*, p. 787.

39. *Meteora*, p. 790 A.

40. *Meteora*, p. 791 A.

41. *Meteora*, p. 792 A.

42. *Meteora*, p. 797.

43. R. HALLEUX, « Albert le Grand et l'alchimie », dans *Revue des sciences philosophiques et théologiques*, 66 (1982), p. 57-80.

44. Faute d'édition critique, on consultera l'excellente traduction commentée de Dorothy WYCKOFF, *Albertus Magnus. Book of Minerals*, Oxford, 1967.

cette humidité soit de l'eau est montré par le fait qu'elle est solidifiée par le chaud et fondue et liquéfiée par une intense chaleur sèche »[45].

Plus loin, à propos des qualités accidentelles des pierres qui varient d'une espèce à l'autre, il les explique par la qualité du mélange et les degrés de chaleur. Les pierres qui ont leurs matériaux bien mélangés sont les plus fermement cohérentes et compactes[46] : « On trouve la preuve de cela dans ces opérations de l'art qui imitent la nature. Car les briquetiers mélangent d'abord avec la terre une matière qui fait tenir les parties ensemble, comme du crottin de cheval ou quelque chose de ce genre ; et quand les matériaux deviennent collants, ils essaient de les mélanger en profondeur. Et mieux ils sont mélangés, plus plates et plus solides sont les briques. Et les potiers font la même chose, ils ajoutent à leur matériau non pas n'importe quelle terre, mais l'espèce tenace appelée *glis* (glaise) quand ils veulent former des choses en argile ; et ils le mélangent profondément avant de le modeler. Et ils laissent l'humidité subsister quelque temps puis en enlèvent l'excès aux rayons du soleil, et finalement les vaisseaux sont solidifiés pour digestion au feu qui est appelée *optesis* »[47].

Pour la matière des métaux, Albert part de la constatation que les métaux sont liquéfiables. Ils contiennent donc de l'eau. Par ailleurs, d'une part, leur humidité ne s'évapore pas, même à de hautes températures, ce qui les apparente aux corps visqueux, faits d'une humidité plus subtile mêlée de terre subtile. Ce premier élément, c'est le soufre d'Avicenne. D'autre part, les métaux fondus ne mouillent pas, ne se répandent pas comme l'eau, ce qui nécessite la présence d'une terre subtile, le mercure alchimique[48]. « Il est clair, dès lors, que la matière première des métaux est une humidité subtile, onctueuse, qui est incorporée et mélangée intimement avec une terre subtile, de sorte que de larges quantités sont combinées, non pas simplement l'une avec l'autre, mais l'une dans l'autre ». Dans la suite[49], Albert réfute les opinions de divers alchimistes dont Gilgil de Séville (ibn Juljul, Xe s.) dans ses *Secrets*. Gilgil « prétend prouver que la cendre fondue est le matériau des métaux. Il offre cet argument non convaincant : nous voyons que par grillage intense par la chaleur sèche, la cendre est liquéfiée en verre, qui est durci par le froid et liquéfié par la chaleur sèche, comme le métal. Il sera donc évident que leur matériau est le même, car les choses qui montrent le même compor-

45. ALBERT, *De mineralibus*, I, 1, 3.
46. ALBERT, *De mineralibus*, I, 1, 2.
47. C'est le terme technique d'Aristote *Météorologiques*, IV, 3, 381 a 23 pour le grillage et la cuisson au four.
48. ALBERT, *De mineralibus*, III, 1, 2.
49. ALBERT, *De mineralibus*, III, 1, 4.

tement de durcissement et de liquéfaction semblent avoir la même espèce de matériau, prétend-il, en se référant à l'enseignement des *Météorologiques* »[50]. Il en concluait que les métaux sont faits de cendre et d'eau. Mais ici l'argument technique est balayé au nom de la cohérence de la doctrine. « Gilgil était un ouvrier et non un philosophe. Il se fondait trop sur les opérations mécaniques de l'alchimie, et il osait en tirer des conclusions mensongères sur la réalité physique[51] ». Selon le Stagirite, les cendres poreuses ne peuvent être liées par l'eau.

Ainsi, le soufre et le mercure, qui ont pour eux l'évidence du laboratoire, ne sont plus la *causa proxima*, « cause prochaine », des métaux. Les éléments traditionnels restent bien présents comme *causa remota*[52], « cause lointaine ».

Les éléments au piège de la distillation

Dans l'histoire de la chimie, peu de techniques de laboratoire ont eu un impact comparable à celui de la distillation. Étymologiquement *distillare* signifie « faire couler goutte à goutte ». Les médiévaux distinguaient ainsi trois distillations : *per ascensum* à l'alambic ; *per descensum*, dans le creuset à fond perforé que l'on appelait *botus barbatus* (de l'arabe *but bar but*, creuset sur creuset) ; *per filtrum* enfin, à travers un linge[53]. C'est donc une technique de séparation de la matière par égouttement.

Ces dernières décennies, la fouille sensationnelle de laboratoires complets (du XIVe siècle dans la cour Napoléon du Louvre[54], du XVIe siècle à Oberstockstall en Autriche[55] et la découverte de nombreux appareillages dispersés à Bâle[56] et en Angleterre[57]) bouleverse des connaissances jusqu'à présent fondées sur les illustrations de manuscrits.

50. *Météorologiques*, IV, 10, 388 b 11 sq.

51. Le latin vaut d'être cité (p. 64 Borgnet) *Quoniam ipse Gilgil mechanicus et non physicus fuit sed de mechanica alchemia praesumens praesumpsit mentiri de physicis.*

52. C'est l'opinion de THOMAS D'AQUIN, *In Meteora*, III, *lectio* IX, fin.

53. Voir R. J. FORBES, *A Short History of the Art of Distillation*, Leiden, Brill, 1970.

54. Isabelle ROUAZE, *Un atelier de distillation du Moyen Âge, Bulletin Archéologique du CTHS.* N. S. 22, Antiquités Nationales, 1989, p. 155-267.

55. R. W. SOUKUP, H. MAYER, *Alchemistisches Gold. Paracelsistiche Pharmaka. Laboratoriumstechnik im 16 Jahrhundert*, Wien, Köln, Weimar, Böhlau, 1997.

56. Pia KAMBER, P. KURZMANN, *Der Gelbschmied und Alchemist (?) von Ringelhof* dans *Archäologische Bodenforschung des Kantons Basel Stadt Jahresbericht*, 1998, p. 151-199.

57. S. MOORHOUSE, *Medieval Distilling Apparatus of Glass and Pottery* dans *Medieval Archeology*, 16 (1972), p. 79-121.

Les auteurs de l'Antiquité avaient observé à diverses reprises que, lors de libations de vin aux dieux, des vapeurs pouvaient s'enflammer[58]. Ils n'arrivaient pas à isoler ce principe combustible faute d'appareillage adéquat de condensation. En effet, si on distillait la poix[59], si on dessalait l'eau de mer[60], c'était en plaçant au-dessus du chaudron des toisons ou des étoffes que l'on tordait ensuite.

Au Ier siècle de notre ère, le pharmacien Dioscoride décrit la production du mercure à partir du cinabre (sulfure de mercure). On chauffait le cinabre sur une coquille de fer placée elle-même sur une écuelle, sur laquelle on retournait une coupe conique. Ce genre de coupe se dit en grec *ambix*.

Le soufre du cinabre se combinait avec le fer, et les vapeurs mercurielles se condensaient sur les parois de la coupe qui faisait fonction de chapiteau[61].

Tribicos d'après M. Berthelot (BN grec 2327, XVe s.)

Ce sont les alchimistes grecs, en particulier le pseudo-Démocrite, Marie la Juive et Zosime, qui ont mis au point un véritable alambic en surélevant le chapiteau au-dessus de la cucurbite pour éviter les débordements et en le

58. ARISTOTE, *Météorologiques*, IV, 9, 387 B 9 ; PLINE, XIV, 62.

59. PLINE, XV, 31 ; DIOSCORIDE, I, 205.

60. ARISTOTE, *Météorologiques*, II, 3, 358 B 16 ; *cf.* ALEXANDRE D'APHRODISE, *In Meteora*, p. 86 l. 20.

61. DIOSCORIDE, V, 110.

dotant d'un, deux ou trois tuyaux de décharge (*dibikos, tribikos*)[62]. Le distillat se condensait sur les parois du chapiteau, coulait vers le bas, était recueilli par le bord annulaire, puis évacué par un tuyau. Faute de dispositif de refroidissement, la condensation s'opérait mal, et il était difficile d'isoler des substances à point d'ébullition peu élevé, comme l'alcool. Zosime refroidissait le seul chapiteau, au moyen d'éponges. Cette forme fondamentale, avec quelques variantes, n'est pas propre aux alchimistes. On en a trouvé à Chypre[63] et en Égypte. Au VIIe siècle, Aetios d'Amida, citant Démosthène, un ophtalmologue du Ier siècle de notre ère, affirme que l'*ambix*, avec un tuyau de décharge, est utilisé par les parfumeurs[64]. C'est sous cette forme que l'alambic passe aux Byzantins, puis aux Arabes, pour distiller les huiles essentielles et les eaux des plantes[65], les fractions légères du pétrole pour les feux de guerre[66], les extraits de minéraux[67] et peut-être même le vin[68].

62. Voir l'édition du traité de Zosime sur les appareils et les fourneaux, avec de très riches commentaires par Michèle MERTENS, *Les alchimistes grecs*, t. IV, 1re partie, *Zosime de Panopolis. Mémoires authentiques*, Paris, Les Belles-Lettres, 2005.

63. Nicosie, Musée archéologique.

64. AETIOS D'AMIDA, VII, 50 Olivieri.

65. Chez Al-Kindi (830-870), V.K. GARBERS, *Buch über die Chemie des Parfüms und die Destillationen von Ya'qub b. Ishāq al-Kindī. Ein Beitrag zur Geschichte der arabischen Parfümchemie und Drogenkunde aus dem 9 Jahrh. P.C.*, Leipzig, 1948, spéc. p. 18-19 ; chez Albucasis (mort en 1013), v. *Libellus Bulcasis sive servitoris*, dans *MESUE cum expositionibus Mondini super canones universales*, Lyon, 1515, f. 311-313 ; S. K. HAMARNEH, G. SONNEDECKER, *A pharmaceutical view of Albucasis*, Leiden, 1963.

66. M. MERCIER, *Le feu grégeois*, Paris-Avignon, 1952, p. 89.

67. Chez Razi (865-923/4), v. J. RUSKA, *Al Rāzi's Buch Geheimnis der Geheimnisse*, Berlin, 1937 (*Quel. Stud.*, VI) ; *Die Alchemie ar-Rāzi's, Der Islam*, t. XXII, 1934, p. 281-319 ; chez Jābir, v. P. KRAUS, *Jābir ibn Hayyān*, t. II, Le Caire, 1942, p. 5-11 ; J. RUSKA, K. GARBERS, « Vorschriften zur Herstellung von scharfen Wässern bei Gābir und Rāzi », dans *Der Islam*, t. XXV, 1939, p. 1-34.

68. Voir les textes allégués par Ahmad Y. AL-HASSAN, Donald HILL, *Islamic technology. An illustrated history*, Cambridge UP, 1986, spéc. 139-141, tr. fr. *Sciences et techniques en Islam. Une histoire illustrée*, Paris, EDIFRA/UNESCO, spéc. 139-141. L'histoire de la distillation a été surtout abordée par l'histoire de l'alcool. Les études modernes sur ce sujet sont extrêmement abondantes. On verra en particulier H. DIELS, « Die Entdeckung des Alkohols », dans *APAW*, t. III, 1913, repris dans *Kleine Schriften zur Geschichte der Antiken Philosophie*, éd. W. BURKERT, Hildesheim, 1969, p. 409-444 ; R.J. FORBES, *A Short History of the Art of Distillation*, 2e ed., Leiden, 1970 ; M. KRÜGER, *Zur Geschichte des Elixiere, Essenzen und Tinkturen*, Braunschweig, 1968 ; E.O. VON LIPPMANN, « Zur Geschichte der Distillation und des Alkohols », dans *Chem. Ztg.*, t. XXXVII, 1913, p. 1 ; « Vorläufige Mitteilung zur Geschichte des Alkohols », *Ibid.*, p. 1073 ; « Beiträge zur Geschichte des Alkohols », *Ibid.*, p. 1313-1316, p. 1346-1347, p. 1358-1361, p. 1419-1422, p. 1428-1429 ; « Neue Beiträge zur Geschichte des Alkohols », *Ibid.*, t. XLI, 1917, p. 865 sq. ; « Zur Geschichte des Alkohols », *Ibid.*, t. XLIV, 1920, p. 625 ; t. XLVI, 1922, p. 4 ; t. XLVII, 1923, p. 757 ; « Weitere Mitteilungen zur Geschichte des Alkohols », *Ibid.*, t. L, 1926, p. 237 ; « Zur Geschichte des Alkohols und der Bezeichnung Gas », *Ibid.*, t. LIII, 1929, p. 869 ; « Kleine Beiträge zur Geschichte der Chemie », *Ibid.*, t. LVII, 1933, p. 433 ; J. NEEDHAM, D. NEEDHAM, Lu GWEI-DJEN, « The coming of ardent water », dans *Ambix*, t. XIX, 1972, p. 69-112 ; K. SCHELENZ, *Zur Geschichte der Destilliergeräte*, Miltitz, 1911, réimpr. Hildesheim, 1964.

La vieille théorie d'une origine alchimique de l'alambic s'efface peu à peu devant une inextricable communauté technique qui dépasse largement le cas de la distillation. L'alchimiste, le peintre, l'orfèvre, l'enlumineur travaillent avec les mêmes substances. Ils se fournissent chez le même *speciarius* (marchand de *species*, c'est-à-dire de drogues, d'où le nom d'épicier) ou *apothecarius* (d'où *bodega*, boutique). Ils font les mêmes gestes : broyer, tamiser, filtrer, dissoudre, cuire, distiller. L'historiographie a segmenté cette communauté technique, dont l'étude serait des plus fécondes.

A l'école de Salerne, l'alambic est employé pour les eaux de plantes et les huiles essentielles. Le *Circa instans* de Platearius en contient plus d'un écho[69]. C'est, semble-t-il, la distillation de l'eau de rose qui donnera naissance à la distillation de l'alcool, car, dans la suite, toutes les recettes préciseront *distilla… ad modum aquae rosatae.*

C'est en Italie du Sud, où les vins sont particulièrement liquoreux que la production d'alcool est attestée avec certitude au XIIe siècle. On ignore s'il y eut perfectionnement de l'appareillage de distillation.

Un recueil de recettes, le manuscrit Philipps-Corning de la *Mappae clavicula* (XIIe s.)[70] contient une recette chiffrée de distillation du vin avec du sel dans un vase approprié. L'eau qui est produite brûle en laissant son support inaltéré. La même recette se retrouve, dans une pharmacopée, le *Compendium Magistri Salerni* (milieu du XIIe siècle) où le produit est désigné sous le nom d'*aqua ardens*[71] et, sous une forme beaucoup plus compliquée, dans la *Chirurgie* de Roger de Salerne (XIIe s.)[72]. Au début du XIIIe siècle, un

69. H. WÖLFEL, *Das Arzneidrogenbuch « Circa Instans »*, diss. Berlin, 1939, p. 53-54 (*iuniperus*) et p. 105-106 (*spica*).

70. Ms. Philipps, 3715, auj. Corning Museum of Glass, f. 45 v. Fac-similé dans C.S. SMITH, J.G. HAWTHORNE, *Mappae clavicula. A little Key to the World of Medieval Technique*, Philadelphie, 1974 (*TAPS*, t. LXIV, 4), p. 109 et trad. commentée, p. 59 (ch. 212). Texte édité par T. PHILLIPPS, dans *Archaeologia*, t. XXXII, 1847, p. 227 ; M. BERTHELOT, *La chimie au Moyen Âge*, t. I, Paris, 1893, réimpr. Osnabrück, 1967, p. 61 ; H. DIELS, *Die Entdeckung des Alkohols, Kleine Schriften*, p. 412-413 ; J. RUSKA, « Ein neues Beitrag zur Geschichte des Alkohols », dans *Der Islam*, t. IV, 1913, p. 320-324.

71. S. DE RENZI, *Collectio Salernitana*, t. V, 1859, p. 214, § 47 (on ajoute au vin du sel, du soufre et du tartre, on l'éprouve en brûlant un coton imbibé, on le conserve dans un vase de verre). Texte publié d'après les Bibl. nat. mss. Lat. 6964, 6976, 6988, 7924 (copie de Baudry de Balzac). Une autre version de ce même texte a été publiée par F. Puccinotti, *Storia della Medicina*, t. II, *Medicina del Medio Evo, Parte Prima*, Firenze, 1870, p. LXIV (ch. 31) d'après le ms. 92 de la Biblioteca dell'Ospedale di Santa Fina di San Gimignano. On trouve enfin la même recette sur le feuillet de garde du ms. Berlin, ms. Lat. qu. 761-5 (fin XIIe s.), v. H. DEGERING, « Ein Alkoholrezept aus dem 8 Jahrhundert », dans *SPAW*, t. XXXIII, 1917, p. 503-515, où la datation est fausse, v. K. SUDHOFF, « Alkoholrezept aus dem 8 Jahrhundert ? », dans *Naturwissenschaften*, t. XVI, 1917, p. 681 ; R.P. MULTHAUF, *The Origins of Chemistry*, London, 1966, p. 204. L'œuvre de Magister Salernus doit être située entre 1130 et 1160, v. ; F. HARTMANN, *Die Literatur von Früh- und Hochsalerno*, Leipzig, 1919, p. 28.

72. ROGERIUS, *Chirurgia*, IV, 7, dans *Cyrurgia Guidonis de Cauliaco*, Venise, 1499, f. 169 v *b* (vin + soufre ou orpiment + sel ammoniac + tartre + nitre + huile + eau). Roger est du XIIe s.

recueil de pyrotechnie, le *Liber ignium* de Marcus Graecus contient une formule, proche de celle que donne le *Magister Salernus*[73]. Les *Experimenta* attribués à Albert en donnent une autre[74]. Le vin y est toujours additionné de sel et de soufre. Ces additifs étaient conçus comme facilitant la séparation des substances[75]. L'*aqua ardens* n'était pas restreinte à notre alcool : dans l'*Ars Alchemiae* de Michel Scot écrite vers 1230, on l'extrait de la térébenthine[76].

Albert y fait allusion dans son *De mineralibus*. Le médecin Theodoric de Cervia (1205-1298) l'utilise dans sa *Chirurgie* et lui reconnaît quarante vertus diverses en médecine externe et interne[77]. Dans le traité particulier qu'il lui consacre[78], il distingue l'*aqua simplex* ou *anima vini*, produite par simple distillation du vin, l'*aqua vite composita*, solutions distillées de plantes dans du vin, l'*aqua perfecta* produite à la septième distillation, la *perfectissima* produite à la dixième, qui est de l'alcool à près de 90°. Enfin, il mentionne, à côté de la distillation *canonis* (par le tuyau de la décharge) la distillation *serpentis* où il faut reconnaître une des premières attestations du serpentin[79]. Son contemporain Taddeo Alderotti (1233-1303) donne dans ses *Consilia* une description détaillée d'un alambic dont le tuyau de décharge est allongé et relié à un serpentin passant dans l'eau[80]. Cette forme nouvelle ne supplan-

73. Bibl. nat. ms. Lat. 7156 (XIIIe-XIVe s.), f. 65-66 v, éd. M. BERTHELOT, *La chimie au Moyen Âge*, t. I, p. 117, § 27. *Aquam ardentem sic facies R. vinum nigrum, spissum et vetus ; et in una quarta ipsius distemperabis s. II sulfuris vivi subtilissime pulverizati ; l. vel. P. II tartari extracti a bono vino, et s. II salis communi grossi ; et supradicta ponas in cucurbita bene plombata, et alambico superposito distillabis aquam ardentem, quam servare debes in vase vitreo clauso*. Le ms. München 197 (daté 1438), f. 75 v (éd. BERTHELOT, p. 142) ajoute le test bien connu *Ejus virtus et proprietas ita fit ut si pannum lini in ea madefecetis et accenderis, flammam magnam praestabit. Qua consumpta remanebit pannus integer...* V. BERTHELOT, *o.l.*, p. 89-99 ; H. DIELS, « Entdeckung », dans *Kl. Schr.*, p. 424 ; R. P. MULTHAUF, *Origins*, p. 205 ; selon BERTHELOT, p. 123 ces recettes ne font pas partie du traité primitif de Marcus Graecus.

74. P. KIBRE, « Alchemical writings ascribed to Albertus Magnus », dans *Speculum*, XVII, 1942, p. 505 et 508 ; R. J. FORBES, *Short History*, p. 58 cite deux recettes dans le *De secretis mulierum* d'un pseudo-Albert, Lyon, 1556. Ces recettes ont passé dans le *De mirabilibus mundi* et, de là, dans le *Grand et le Petit Albert* (éd. B. HUSSON, Paris, 1970, p. 133 et 230).

75. Les raisons *a priori* d'ajouter du soufre se trouvent exposées en détail dans le *Liber Alpharabii*, Bibl. nat. ms. Lat. 7156, XIVe s., f. 47 v.

76. D.W. SINGER, « Michael Scot and Alchemy », dans *Isis*, t. XIII, 1929-1930, p. 13 ; S. HARRISON THOMSON, « The Texts of Michael Scot's Ars Alchemie », dans *Osiris*, t. V, 1938, p. 552, 555.

77. Édition 1546, f. 138.

78. *Inc.* : *Aqua vite prima simplex secunda composita tertia perfectissima*. Nous l'avons vu dans la Bibl. nat. ms. Lat. 7121, XIVe s., f. 96 v 101, mais un fragment s'en trouve dans Oxford, All Souls College, 81, XVe s., f. 11 ; v. L. THORNDIKE, « Uncatalogued texts in ms. All Souls College 81, Oxford », dans *Ambix*, t. VII, 1959, p. 34-35.

79. Bibl. nat. ms. Lat. 7121, f. 97 v.

80. E. O. VON LIPPMANN, « Thaddäus Florentinus (Taddeo Alderotti) über den Weingeist », dans *Arch. für Gesch. Med.*, t. VII, 1914, p. 379-389. Traduction partielle par M. MC VAUGH dans E. GRANT, *A source book in Medieval Science*, Cambridge Mass., 1974, p. 785-787. Voir A.C. CROMBIE, *Histoire des sciences de saint Augustin à Galilée*, t. I, Paris, 1958, p. 118.

tera jamais le vieil alambic à refroidissement naturel (*Rosenhut*) ou à chapiteau refroidi (tête de Turc)[81], et la production d'alcool n'est pas nécessairement liée à l'existence d'un serpentin.

On se met à distiller toute sorte de substances végétales, minérales, animales (le sang humain). La distillation remplaçait avantageusement la dissolution, l'infusion et la décoction par lesquels on fabriquait jusque-là les remèdes végétaux, les eaux corrosives et les compositions incendiaires. Mais dans la théorie des quatre éléments, quel statut donner aux produits de la distillation et particulièrement au plus mystérieux d'entre eux, l'alcool, cette eau qui brûlait comme du feu[82] ?

La question fut traitée en détail dans les années 1351-1352 par le œu Jean de Rupescissa (Roquetaillade) dans son *De consideratione quintae essentiae*[83]. L'alcool qui ne possède aucune des couples de qualités élémentaires (chaud-froid, sec-humide) caractéristiques d'un élément particulier est donc le cinquième élément, celui dont Aristote faisait la matière incorruptible des corps célestes. La *quinta essentia* se comportera à l'égard des quatre éléments corruptibles du corps humain comme le ciel, cinquième élément des philosophes, à l'égard du monde sublunaire, et gardera le corps de la corruption, et Jean conclut *haec quinta essentia est caelum humanum*. En distillant le vin de cinq à sept fois, puis en l'enfermant dans un vase à circulation, on obtiendra non l'*aqua ardens* mais la *quinta essentia* véritable. Mais par le même processus de distillation, on pourra extraire la quintessence de chaque chose, notamment les fruits, racines, herbes et feuilles utilisées en pharmacopée. L'extrait possèdera au centuple les vertus médicinales. On n'est pas loin de la notion de principe actif. Les extraits et les alcoolats de plantes remplacent désormais les infusions et les décoctions de la pharmacie galénique. Nos grandes liqueurs monastiques (la chartreuse, la bénédictine) n'ont pas d'autre origine, et les quintessences ont envahi le langage courant. L'automobiliste qui remplit son réservoir d'essence, c'est-à-dire de la quintessence du pétrole, se réfère à Rupescissa. En fait, aux XVe et XVIe siècles, les idées de Rupescissa furent relayées par des traductions, des abrégés, par des générations de *Distillirbücher*, jusqu'à l'œuvre de Paracelse.

81. Il n'y a pas de serpentin chez Geber. Il n'y en a pas non plus dans les appareils des Bibl. nat. mss. Lat. 6514, f. 70 et 7156, f. 141 (BERTHELOT, *La Chimie au Moyen Âge*, t. I, p. 147 et suiv.).

82. Si le mot alcool est d'origine arabe, il signifie au Moyen Âge la poudre d'antimoine (le kohl) et n'acquiert son acception moderne qu'avec Paracelse. Voir M. TOXITES, *Onomastica Theophrasti Paracelsi*, Strasbourg, 1574, p. 388.

83. R. HALLEUX, « Les ouvrages alchimiques de Jean de Rupescissa », dans *Histoire littéraire de la France*, 41, Paris, 1981, p. 241-284. L'édition de référence est celle de Guillaume GRATAROLO, *Ioannis de Rupescissa de consideratione quintae essentiae rerum omnium*, Bâle, s.d., (1561).

Désormais, les substances (médicamenteuses ou autres) doivent leur nature et leurs propriétés médicinales non plus à la proportion des quatre éléments comme dans la pharmacologie galénique, mais à une essence spécifique. Cette essence, qui est le principe actif, peut s'extraire par distillation. Le distillat concentre les vertus du simple dans un petit volume, et possède une efficacité bien plus grande que le simple lui-même. Le problème se pose donc de la compatibilité entre les résultats de la distillation et les systèmes d'éléments, à savoir les quatre éléments, le soufre et le mercure, et le système de Paracelse qui ajoutait le sel au soufre et au mercure pour rendre compte notamment de la cristallisation. Les éléments s'effacent au profit des produits de la distillation fractionnée[84].

Dans cette cacophonie, le dernier mot revient à la pratique des essayeurs. Les métallurgistes et les essayeurs, accoutumés à décomposer un minerai ou un alliage en ses constituants, se tenaient à l'écart de la querelle des éléments. Leur pratique ne présupposait pas l'idée de corps simple, mais la notion de limite à la décomposition, et de permanence de ces corps dans leur cycle de transformation : le plomb calciné devient litharge qui, revivifiée, devient du plomb.

Les cours de chimie mettent l'accent sur la pratique et l'utilitaire et relèguent la question des éléments dans des introductions dont la fonction devient purement rhétorique et ornementale. En fait, les chimistes comme les essayeurs prendront pour éléments ou principes les corps qu'ils n'arrivent pas à décomposer. Dans son *Chimiste sceptique* de 1661, Robert Boyle (1627-1691) montre ainsi que la dissociation des corps par le feu n'est pas le moyen le plus adéquat, que « les éléments » ainsi obtenus ne correspondent pas nécessairement à la composition réelle des corps et qu'ils sont bien plutôt liés aux conditions de l'expérience (à l'air ou sous vide). Les substances obtenues ne sont pas homogènes. Avec d'autres méthodes on obtient d'autres résultats. Le nombre des éléments ainsi isolables n'est pas déterminé[85]. L'Académie des Sciences qui avait mis à son programme initial « Ce qu'on nomme les quatre éléments » discuta en 1673 de la valeur de la distillation pour la recherche des éléments.

C'est également la prudence critique que l'on observe chez un autre chimiste de la même époque, Nicolas Lémery. Dans son *Cours de chymie*[86], ce dernier admet une vieille répartition selon cinq principes : l'esprit ou mer-

84. On trouvera un catalogue des systèmes dans l'ouvrage classique d'Hélène METZGER, *Les doctrines chimiques en France au XVIIe siècle*, Paris, 1923.

85. Robert BOYLE, *The Sceptical chymist*, London, 1661 réimpr. 1911.

86. Nicolas LEMERY, *Cours de chymie*, 6e éd., Paris, 1687, p. 5, Édition critique dans M. BOUGARD, *La chimie de Nicolas Lémery*, Turnhout, 1999, p. 439-455.

cure, l'huile ou soufre, le sel, le phlegme ou eau et la terre. Il leur attribue des particules de forme déterminée, mais est forcé de reconnaître que si l'on peut retrouver ces principes dans les végétaux et les substances séparées par distillation, on ne peut dire s'ils existaient auparavant dans les corps ou s'ils sont changés par le feu pendant la distillation. Il conclut : « Le nom de Principe en Chymie ne doit pas estre pris dans une signification tout à fait exacte ; car les substances qu'on appelle ainsi ne sont Principes qu'à notre égard, et qu'en tant que nous ne pouvons point aller plus avant dans la division des corps, mais on comprend bien que ces Principes sont encore divisibles en une infinité de parties qui pourroient, à juste titre, être appelées Principes. On n'entend donc les Principes de Chymie que des substances séparées et divisées autant que nos faibles efforts en soient capables. [...] Les belles imaginations des autres Philosophes touchant les principes Physiques, élèvent l'esprit par des grandes idées, mais elles ne prouvent rien démonstrativement ».

Sous de pareilles formulations, on sent poindre, chez les chimistes, l'idée que les prétendus éléments ou principes (quel que soit leur nombre) matérialisent en fait, des comportements communs à des groupes de substances, comme la combustion ou la cristallisation, ce que nous appellerions des groupes de réactions. C'est pourquoi les méthodes de décomposition des corps n'atteignent jamais les éléments, mais d'autres réalités provisoirement indécomposables et donc utilisables comme telles dans l'édifice chimique.

L'intuition du discontinu

Le paradigme mécaniste, qui explique les phénomènes physico-chimiques par des déplacements de la matière dans l'espace et dans le temps, implique sa discontinuité, qu'il s'agisse des atomes de Gassendi ou des « petits corps » de Descartes[87]. Aux origines de l'atomisme classique, les historiens avancent la redécouverte de Lucrèce, celle d'Héron d'Alexandrie, la théorie aristotélicienne des minima naturels ou la géométrie des indivisibles. Mais il existe des opérations techniques qui véhiculent implicitement l'idée d'une structure discontinue des matériaux et qui ont été interprétées en ce sens. On en citera trois : la trempe de l'acier, le mordançage des tissus, la coloration des métaux

87. K. LASSWITZ, *Geschichte der Atomistik vom Mittelalter bis Newton*, 2 vol., Berlin 1890 réimpr. Hildesheim, 1963 ; R. LENOBLE, *Mersenne ou la naissance du mécanisme,* Paris, 1943 ; O. R. BLOCH, *La philosophie de Gassendi. Nominalisme matérialisme et métaphysique*, La Haye, Martinus Nÿhoff, 1971 ; G. BACHELARD, *Les intuitions atomistiques (Essai de classification)*, 2e éd. Paris, 1975 ; J. SALEM, *L'atomisme au XVIIe et XVIIIe siècles*, Paris, Publications de la Sorbonne, 1999.

par les alchimistes. Ces intuitions se perçoivent souvent dans la terminologie, par les mots *araios* – *rarus* pour la structure lâche et *pyknos*, *densus, spissus* pour la structure serrée.

L'acier est un composé de fer et de carbone. A 0,05 % de carbone, on parle d'acier doux. Puis viennent les aciers demi-doux, demi-durs et extra-durs, jusqu'à 1,2 % de carbone et au-delà. Au dessus de 2,5 %, c'est de la fonte. Aujourd'hui, on fabrique l'acier en enlevant à la fonte le carbone excédentaire qu'elle a pris dans le haut-fourneau. De l'Antiquité jusqu'au XIXe siècle, on a ajouté du carbone au fer doux par un procédé connu sous le nom de cémentation. Le fer chauffé en présence de matières carbonées (le cément) jusqu'aux environs de 890° absorbe du carbone. Il se forme un composé particulier, l'austénite. Si on trempe alors le fer rouge dans l'eau froide, l'austénite se décompose en martensite, carbone de fer dur et cassant, l'acier. La littérature des recettes nous a transmis de nombreuses compositions de céments et de bains de trempe[88]. Pour l'observateur ancien, le fer se ramollit par le feu. Il se durcit par le froid du bain. Cela peut s'expliquer par les quatre éléments, comme le fait Albert[89]. Mais on peut imaginer aussi que la chaleur écarte les particules du métal et que le froid les resserre[90].

C'est ainsi que Philon le Mécanicien (vers 250 av. J.-C.) s'efforce d'expliquer l'élasticité des métaux. Aux chapitres 39 à 50 de son traité de balistique[91], il rapporte les recherches de Ctésibios pour remplacer, dans les ressorts des engins de jet, les matières organiques (nerf, poil) par des métaux[92] et ses propres tentatives pour reconstituer la catapulte à ressorts de bronze de Ctésibios qu'il ne connaît qu'indirectement[93].

88. A. LEROI-GOURHAN, « Notes pour une histoire des aciers », dans *Techniques et civilisations*, 2 (1951), p. 4-10.

89. ALBERT, *De mineralibus*, IV, 8, p. 236 Wyckoff. « Quand le fer est chauffé à blanc et plongé dans l'eau, il est durci parce que la chaleur s'enfuit devant le froid de l'eau vers l'intérieur du fer et y brûle la matière humide et quand l'humidité est consumée, l'acier devient de plus en plus dur ».

90. THEOPHRASTE, *De igne*, 42 expliquait la fusion par l'intrusion des particules de fer qui délient la structure de la matière.

91. Sur cet ouvrage, voir E.W. MARSDEN, *Greek and Roman Artillery. Technical Treatises*, Oxford, 1971, p. 6-8.

92. Sur ces recherches, voir T. BECK, « Der altgriechische und römische Geschützbau », dans *Beiträge zur Geschichte der Technik und Industrie*, 3 (1911), p. 163-184, spéc., p. 176-177 ; E.W. MARSDEN, *Greek and Roman Artillery, Historical Development*, Oxford, 1969, p. 5-7 et 62.

93. PHILON, *Mechanice Syntaxis*, IV, 39 (= *Bel.*, 39), p. 67, 43-68, 3 Thévenot (M. THEVENOT, *Veterum Mathematicorum Athenai. Apollodori, Philonis, Bitonis, Heronis et aliorum opera Graece et Latine ex manuscriptis codicibus Bibliothecae Regiae pleraque nunc primum edita*, Paris, 1693). Cette pagination est reproduite en marge de l'édition de H. DIELS et E. SCHRAMM, « Philons Belopoiika (Viertes Buch der Mechanik) Griechisch und Deutsch », dans *APAW (Abhandlungen der Preussischen Akademie der Wissenschaften)*, 1918, 16. On trouvera une reconstitution de la machine dans DIELS-SCHRAMM, planche 6 et dans MARSDEN, *Treatises*, p. 174, diagramme 8.

Philon préconise des lames de ressort en bronze, constituées d'un alliage de cuivre et d'étain (3 %) très purs, et soumises à un long martelage à froid sur une forme incurvée. Ces lames, couplées, constitueraient l'élément résilient[94].

A l'objection que le fer et le bronze, une fois courbés, ne reviennent pas à leur position de départ comme la corne et certains bois, il répond par l'exemple des épées des Celtes et des Espagnols que les armuriers font ployer pour éprouver leur élasticité[95]. Il s'agit évidemment de fer aciéré en surface par cémentation et doux à l'intérieur, ou, mieux encore, de lames en damas soudé, faites de plusieurs lames différemment carburées. Mais Philon, qui ne connaît pas les combinaisons du fer et du carbone, attribue cette élasticité à la pureté du métal et aux martelages à froid nombreux, modérés et réguliers[96]. C'est ce qui lui fait supposer qu'un traitement analogue donnera au bronze les mêmes propriétés. Voici sa justification théorique[97] : « Les passages au feu amollissent le fer et le bronze en relâchant leurs particules, comme on dit, tandis que les refroidissements et les martelages les durcissent. Les deux sont, en effet, causes du resserrement des corps, car les particules se rapprochent et l'entrelacs du vide est supprimé. Nous avons donc martelé les lames à froid des deux côtés, et ainsi il se fit que leur surface devint dure, tandis que le centre restait doux parce que le coup, étant faible, n'allait pas en profondeur. Ainsi les lames étaient constituées en quelque sorte de trois corps, deux durs et un, celui du milieu, plus mou ».

L'explication est évidemment fausse puisque la trempe du bronze, loin de le durcir, le rend malléable à froid. L'important est que Philon explique l'élasticité du métal par la dualité de la structure.

Cette idée de structure fut largement étayée par les pratiques d'attaque du métal, c'est-à-dire de corrosion sélective. Ainsi, les forgerons celtibères tiraient parti, dans la fabrication des armes, de la carburation irrégulière du fer produit par un procédé direct. En effet, on produisait au bas-fourneau une loupe de fer spongieuse, mêlée de scorie, où certaines parties avaient absorbé plus de carbone que d'autres et étaient, en fait, devenues de l'acier. Les Celtibères enfouissaient dans le sol des lames de fer. La corrosion attaquait les parties les moins carburées. Après un temps, on grattait la rouille et les noyaux d'acier étaient soudés par martelage[98].

94. PHILON, *Bel.*, 43, p. 69, 48-70, 17 ; 44, p. 70, 17-23.
95. PHILON, *Bel.*, 46, p. 70, 48-71, 24.
96. PHILON, *Bel.*, 47, p. 71, 24-42.
97. PHILON, *Bel.*, 47, p. 71, 42-53.
98. DIODORE, V, 33. 3 ; PLUTARQUE, *De garrulitate*, 17, p. 510 F.

A la fin du XIIIe siècle, la production d'acides minéraux donna un grand développement à cette pratique. L'eau forte, acide impur produit par distillation d'un mélange de vitriol, de salpêtre et d'alun, fut utilisée par les essayeurs pour séparer l'or et l'argent, mais aussi par les armuriers pour diaprer le métal du casque et des cuirasses d'apparat, c'est-à-dire pour faire ressortir la structure de la tôle d'acier en attaquant les parties moins carburées[99].

Les mêmes idées sont sous-jacentes à la pratique de la teinture[100], qui comprend trois phases : dégraissage, mordançage, teinture. Le mordançage est le traitement de la laine par un mordant, généralement l'alun, qui forme avec l'élément colorant une laque insoluble. Le nom grec de l'alun, *stypteria*, signifie proprement substance astringente, du verbe *styphô* « resserrer ». C'est comme astringent que l'alun est, depuis l'Antiquité, employé en médecine, par exemple pour resserrer la peau après les petites coupures du rasage.

Le mordançage est assimilé à un resserrement de la structure dans les trois textes qui dérivent d'un même original : les papyrus de Leyde et de Stockholm (vers 300 ap. J.-C.)[101], le *Livre du sanctuaire* de la collection des alchimistes grecs[102] et la *Mappae clavicula.*

Le but des recettes du papyrus de Leyde et surtout du papyrus de Stockholm est de réaliser la perfection de la pourpre de *Murex trunculus* et de *Murex brandaris*, à partir de colorants qui pour la plupart ne sont pas grand teint, comme le fucus (*Rytiphloea tinctoria Ag.*) ou l'orcanette (*Anchusa tinctoria L.*). Mais les phases du procédé sont celles de la teinturerie classique : la laine est d'abord dégraissée avec de l'urine, de l'eau de chaux, des cendres tamisées, de la terre à foulon, de la lessive de soude, de la saponaire. Elle est ensuite mordancée (*stypsis*) avec de l'alun, des composés de fer (scorie de fer, alun lamelleux, acétate de fer) souvent dans du vinaigre. On y ajoute d'autres substances astringentes, telles que la fleur de cuivre (oxyde cuivreux), le vitriol (sulfate de cuivre), la noix de galle ou l'écorce de grenade.

Ainsi dans la recette 99 de Stockholm « Mordançage de la pourpre sicilienne. Mettez dans un chaudron de cuivre huit conges d'eau, ½ mine d'alun, 1 mine de fleur de cuivre, 1 mine de noix de galle. Quand cela bout, mettez une mine de laine lavée et quand elle a bouilli deux ou trois fois, enlevez ».

99. H.WILLIAMS, « The Beginnings of Etching », dans *Technical Studies in the field of the fine arts*, III, 1 (1934), p. 16-18 ; C.S. SMITH, « Decorative etching and the science of metals », dans *Endeavour*, XVI, 64 (1957), p. 199-208 ; « L'utilisation artistique de l'attaque des métaux et sa signification scientifique », *Ibid.* (tr. fr.).

100. R. HALLEUX, « L'alun dans la littérature des recettes » dans *L'alun de méditérranée*, Naples-Aix en Provence, Centre Jean Bérard, Centre Camille Jullian, 2005, p. 9-12.

101. R. HALLEUX, *Alchimistes grecs I, Papyrus de Leyde, Papyrus de Stockholm, Fragments de recettes*, Paris, 1979 (Coll. des Universités de France).

102. Ed. M. BERTHELOT, C. E. RUELLE, *Collection des Anciens Alchimistes Grecs*, t. III, Paris, 1887, réimpr. 1967.

Le papyrus de Stockholm, le *Livre du sanctuaire* et la *Mappae clavicula* fournissent aussi des procédés pour produire émeraudes, béryls, escarboucles, chrysolithes, sardoines, à partir de matériaux bon marché, comme le cristal de roche et le *tabashir*, concrétion de silice qui se forme dans les nœuds de certains roseaux. Ce n'est pas une coloration dans la masse, mais une teinture au bain qui dépose un film coloré et qui transpose à la pierre les méthodes de teinture des étoffes : dégraissage, mordançage et teinture. Ainsi la recette 41 du *Livre du sanctuaire* « Fabrication de l'émeraude. Mouillez (le cristal de roche) avec l'alun liquide pendant 3 jours. Après avoir pris un petit vase contenant du vinaigre, faites cuire sur un feu doux de bois de pin, puis laissez refroidir. Après avoir enlevé, mettez dans l'huile avec le vert-de-gris du cuivre de Chypre et laissez pendant 6 jours ». Il y a donc mordançage à l'alun et au vinaigre, teinture en vert à l'huile mêlée de vert-de-gris.

Mais peut-on mordancer des pierres précieuses ? Quelle que soit leur efficacité, les recettes consignées ici mettent en œuvre un modèle théorique de la teinture où les propriétés de l'alun jouent un rôle-clé. La teinture se décompose en trois opérations : le relâchement de la structure de la matière (*araiosis*), la teinture (*baphê*), la fixation (*stypsis*). « Toute pierre, affirme le *Livre du sanctuaire* (§ 13), a besoin de relâchement, de teinture et de mordançage car il fixe ». Ainsi, qu'il s'agisse sur les chairs, sur les textiles ou sur les pierres, l'alun n'est pas seulement un réactif industriel. C'est la matérialisation d'un principe actif, celui du resserrement des parties constitutives d'un corps dans l'intuition d'une structure discontinue de la matière.

Enfin, un puissant courant atomistique parcourt les textes alchimiques. William Newman en a montré l'émergence dans un grand classique de la fin du XIIIe siècle, la *Summa perfectionis magisterii*[103], que la tradition attribue à Geber (Jābir ibn Hayyān) mais dont il a établi l'auteur véritable, le franciscain Paul de Tarente. Le problème-clé de l'alchimie est de faire pénétrer l'élément transmutant (la pierre philosophale, souvent appelée la teinture) dans la totalité de la masse de métal vil à transmuter. Paul de Tarente en donne une explication corpusculaire, ce sont des particules de la « médecine des métaux », qui pénétrant dans le métal vil, changent sa structure interne et le transforment en or. Cette alchimie corpusculaire nourrit, au XVIIe siècle, la pensée de l'alchimiste George Starkey (Eyrénée Philalèthe) et, à travers lui, Boyle et Newton.

103. W. NEWMAN, « The alchemical sources of Robert Boyle's corpuscular philosophy », dans *Annals of science*, 53 (1996), p. 567-585 ; *Gehennical Fire : The lives of George Starkey an American Alchemist in the Scientific Revolution*, Chicago UP, 2003 ; *Atoms and Alchemy. Chymistry and the Experimental Origins of the Scientific Revolution*, Chicago UP, 2006.

Chapitre 3

La raison des machines

La première journée des *Discorsi*[1] de Galilée (commencés en 1633) se passe à l'Arsenal de Venise. Salviati s'émerveille à l'atelier de construction : « Quel large champ de réflexions me paraît ouvrir aux esprits spéculatifs la fréquentation assidue de votre fameux arsenal, seigneurs vénitiens et particulièrement le quartier des " travaux mécaniques ". Toute sorte d'instruments et de machines y sont en effet constamment mis en œuvre par un grand nombre d'artisans dont certains, tant par les observations que leurs prédécesseurs leur ont léguées que par celles qu'ils font sans cesse eux-mêmes, allient nécessairement la plus grande habileté au jugement le plus pénétrant ».

Mais Sagredo tempère l'efficacité des connaissances par l'indigence de leur explication et de leur justification théorique : « Rien n'est plus vrai. Curieux de nature, je vais souvent moi aussi pour mon plaisir visiter les lieux et me mêler à ceux que pour leur supériorité sur les autres ouvriers nous appelons " maîtres " (*proti*). Leur conversation m'a plus d'une fois aidé à chercher l'explication de certains faits non seulement étonnants, mais encore mystérieux et quasi inimaginables. Parfois aussi, à vrai dire ils m'ont confondu et mis au désespoir de comprendre comment pouvait se produire, en l'absence de toute raison apparente, ce que mes sens me prouvaient être vrai ».

Du côté des artisans, des connaissances positives, efficaces, avancées, mais non justifiées. Du côté des savants, l'étonnement devant des effets dont la cause est obscure et la recherche d'une explication rationnelle, c'est-à-dire mathématique.

1. GALILEE, *Discours et démonstrations mathématiques concernant deux sciences nouvelles*. Présentation, traduction et notes de M. CLAVELIN, Paris, 1970, p. 7.

Les cinq machines simples – le levier, la poulie, le treuil, la vis, le coin – ne sont pas une application de la statique. Ce sont des outils dont les philosophes depuis les *Problèmes mécaniques* pseudo-aristotéliciens (vers 280) ont essayé d'élucider les principes. Le volant qui, à partir du XVe siècle, complète le système bielle-manivelle sur les tours, les rouets, les moulins à bras, applique le principe d'inertie avant la lettre[2]. De même, il faudra étudier comment les maisons à colombages équilibrent les poussées dans leurs structures de poutres équarries à la scie et non à l'herminette[3]. Sans doute inventé par des charpentiers de marine au XIIe siècle, le moulin à vent est une merveille physique. Ses ailes sont formées d'un lattis fixé sur des vergues et supportant les voiles. L'angle que forme le lattis par rapport aux vergues est le même que celui formé par le gouvernail avec la direction du navire. La courbure hélicoïdale des ailes n'est pas le résultat d'un calcul, mais d'approximations successives. Dans l'engrenage principal, la grande roue (le pignon) a 49 dents et la petite (la lanterne) en a 9. Elles n'ont pas de diviseur commun pour éviter l'usure par le frottement répété des mêmes dents[4]. De tels exemples pourraient être multipliés à l'infini[5].

Du côté des *litterati*, ces réalisations suscitent d'abord l'étonnement. C'est l'attitude des médiévaux devant les automates byzantins[6]. La machine fait partie de la topique merveilleuse des romans médiévaux[7]. L'effort de théorisation vient ensuite, d'abord des machines simples, ensuite du mouvement des projectiles. L'origine de la nouvelle science du mouvement à la Révolution Scientifique a été souvent racontée de façon purement théorique et abstraite[8]. Certes, comme l'a bien remarqué Maurice Clavelin[9], la science galiléenne n'est pas une « promotion » de la technique, c'est-à-dire une trans-

2. B. GILLE, « La naissance du système bielle-manivelle », dans *Techniques et civilisations*, 2 (1952), p. 42-46 ; Robert S. WOODBURY, *History of the Lathe to 1850. A Study in the growth of a Technical Element of Industrial Economy*, Cleveland, 1961 (*Society for the History of Technology*, Monograph Series 1).

3. *Le logis en pan-de-bois dans villes du Bassin de la Meuse moyenne (1450-1650), Dossier de la Commission Royale des Manuments, Sites et Fouilles*, 12, Namur, 2008.

4. Yves COUTANT, « L'étude des moulins à vent médiévaux : nouvelles pistes », dans *Revue du Nord, 74 (1992)*, p. 5-24 et surtout son *Dictionnaire historique et technique du moulin*, Turnhout, Brepols, 2009.

5. D. R. HILL, *History of engineering in Classical and Medieval Times*, Routledge, 1996 ; et surtout Uta LINDGREN (ed.), *Europäische Technik im Mittelalter 800 bis 1400. Tradition und Innovation. Ein Handbuch*, 2e ed., Berlin, 1997.

6. LIUTPRAND, *Antapodosis*, VI, 5, ed. P. CHIESA, *Liutprandi Cremonensis opera omnia*, Turnhout, 1998, p. 147.

7. Christine FERLAMPIN-ACHER, *Merveilles et topique merveilleuse dans les romans médiévaux*, Paris, Champion, 2003, p. 384 sq.

8. Par exemple l'ouvrage classique de Stillman DRAKE et I. E. DRABKIN, *Mechanics in Sixteenth Century Italy*, Madison-London, 1969.

9. M. CLAVELIN, *op. cit.*, p. XXIII.

position imaginaire de l'expérience technique, mais une initiative véritablement théorique. Mais elle a dû « penser avec des objets », prendre en compte les machines elles-mêmes, et la réalité empirique de leur construction et de leur fonctionnement[10]. Guidobaldo dal Monte ouvre son *Mechanicorum liber*[11] par la phrase « La mécanique ne peut plus être appelée mécanique si elle est abstraite et isolée des machines ».

Mais les techniciens qui construisaient les machines et les faisaient fonctionner n'ont pas seulement approvisionné les philosophes en problèmes. Ils se sont eux-mêmes attachés à élucider les principes de leur pratique et ont fourni des méthodes et des modèles explicatifs. Bertrand Gille[12] a bien vu qu'il y avait deux balistiques. « Il y avait une balistique abstraite, fondée sur des principes indémontrables, construite à l'aide d'idées pures et, à côté, des praticiens qui essayaient de se rendre compte des grandes lois générales du tir des projectiles ». Gabriele Busca, un artilleur milanais, n'avait que mépris pour les philosophes Cardan et Tartaglia qui prétendaient théoriser le tir des boulets. Il revendiquait les droits d'un savoir-faire acquis « tout au long d'années de pratique à force de transpiration et de fatigue »[13].

Depuis Bertrand Gille, l'histoire de cette technique en quête de rationalité n'a pas été faite. Il faudrait élucider la méthode de travail des ingénieurs, puis procéder machine par machine et voir comment les conditions concrètes de sa construction et de son fonctionnement ont influencé les interprétations théoriques. On se bornera, pour l'heure, à quelques exemples.

La méthode des ingénieurs

De Philon le Mécanicien (vers 250 av. J.-C.) aux *Théâtres de machines* du XVIIe siècle, les écrits des ingénieurs forment un ensemble homogène. Ce sont les mêmes matériaux, surtout le bois, et les mêmes énergies, l'eau, le vent, la force de l'homme et des animaux. Communes sont aussi la plupart des chaînes cinématiques, au point de donner l'impression que l'ingénieur « fait des gammes » en combinant inlassablement les mêmes éléments.

10. D. BERTOLONI MELI, *Thinking with Objects. The Transformation of Mechanics in the Seventeenth Century*, Baltimore, Johns Hopkins UP, 2006, particulièrement sur Guidobaldo dal Monte.

11. GUIDOBALDO DAL MONTE, *Mechanicorum liber*, Pesaro, 1577.

12. Bertrand GILLE, *Les ingénieurs de la Renaissance*, Paris, 1964, p. 234.

13. Pascal BRIOIST, « L'artilleur entre théorie et pratique au XVIe siècle », dans A. PERIFANO, *La transmission du savoir au Moyen Âge et à la Renaissance*, t. II, Besançon, Presses Universitaires de Franche-Comté, 2005, p. 259-274.

Commune est aussi la méthode. Le regretté Alfred Rupert Hall[14] contrastait avec humour l'ingénieur du XIXe siècle et l'ingénieur du XVIe : « Voici pas plus de deux générations, la bonne pratique de l'ingénieur consistait essentiellement dans la combinaison de la dextérité manuelle avec un assez grand nombre de règles empiriques approuvées par une longue expérience qui évolue. Certes, l'ingénierie avait déjà été envahie par des formules ou des principes qui n'étaient pas dérivés de façon purement empirique : calculs thermodynamiques, procédures pour déterminer les contraintes de l'écoulement des fluides, et le développement tout nouveau du génie électrique dans son entier étaient des produits de la recherche théorique qui avaient été confirmés par les faits et opportunément par l'expérimentation. Dans ces cas, nous pouvons parler d'une dépendance de l'ingénierie par rapport à la science. Il est vrai que l'ingénierie pratique du XIXe siècle dérivait ses chiffres de tables et de graphiques plutôt qu'en retournant à la théorie pure. Ce qui est important c'est que les règles qu'elle appliquait tiraient leur origine d'une analyse théorique plutôt que de la codification d'une pratique empirique réussie. Et il est significatif que l'on s'écartait des règles de la coutume vers des règles dérivées de la théorie. En gros, l'ingénieur ne se méfiait pas de la science. Il l'accueillait. Pour tout cela, les XVIe et XVIIe siècles n'offrent aucun parallèle. Des règles dérivées de la théorie n'étaient employées dans aucune branche de l'ingénierie, et il y a peu d'indices que les hommes pratiques en aient ressenti le besoin ».

En fait, de l'Antiquité au XVIIe siècle, la formation de l'ingénieur a deux bases : le dessin et la géométrie[15].

Les manuscrits et les imprimés d'ingénieurs sont des recueils d'images légendées souvent brièvement. C'est l'image qui parle. Ce ne sont pas des plans cotés. Les dimensions sont laissées à la discrétion du constructeur. Les machines sont représentées à plat sous l'angle le plus explicite indépendamment d'un quelconque réalisme[16].

Ces images, comme le remarque Taccola, n'ont qu'une valeur de support au raisonnement de l'ingénieur[17]. Dans la suite, le trait se fait plus fin, on

14. A. R. HALL, « Engineering and the Scientific Revolution », dans *Science and Society. Historical Essays on the Relation of Science, Technology and Medicine*, Variorum, 1994, p. 333-341, spec. p. 333.

15. F. M. FELDHAUS, *Geschichte des Technischen Zeichnens*, Wilhelmshaven, 1953.

16. E. KNOBLOCH, « Les ingénieurs de la Renaissance et leurs manuscrits et traités illustrés », dans M. C. DUFFY, *Engineering and Engineers. Proceedings of the XXth International Congress of History of Science (Liège, 1997)*, t. XVII, p. 23-65.

17. Mariano TACCOLA, *De rebus militaribus*, ed. Eberhard KNOBLOCH, Baden-Baden, 1984 (*Saecula spiritalia*, 11), p. 195 et 387.

représente les pièces détachées et on les désigne par des lettres, et surtout, la perspective devient une partie importante de l'art de l'ingénieur[18].

Quant à la géométrie, il faut savoir de quelle géométrie il s'agit. Le savoir mathématique des bâtisseurs de cathédrales et des ingénieurs médiévaux a fait l'objet de grandes controverses. En réalité, les constructeurs jouent en virtuoses d'un petit nombre de formules mathématiques toutes faites, comme par exemple $\Pi = 22/7$. En 1391, le conseil de fabrique du Dôme de Milan eut à délibérer sur la formule la moins chère pour achever la voûte : *ad quadratum*, c'est-à-dire sous forme d'un triangle inscrit dans un carré ayant la largeur de l'église pour côté ; ou *ad triangulum*, c'est-à-dire sous forme de triangle équilatéral ayant la même largeur pour côté. Il s'agissait donc simplement de calculer la hauteur d'un triangle équilatéral. On choisit *ad triangulum*, sur le rapport de quatorze *ingeniatores* qui avaient simplement appliqué une constante empirique : la hauteur d'un triangle équilatéral est de 13/15 du côté[19]. C'est le type de connaissances transmises dans les géométries pratiques, manuscrites puis imprimées, qui amalgament de très vieilles formules, héritées des arpenteurs romains avec une vulgarisation plus ou moins réussie des géomètres savants. En 1529, Albert Dürer soulignera la faiblesse mathématique des techniciens de son temps et destinera son *Unterweysung der Messung mit dem Zirkel und Richtscheyt* aux architectes, aux peintres, mais aussi artisans[20] : « En quel honneur et en quelle dignité l'art (de la géométrie) a été tenu chez les Grecs et les Romains, les livres anciens le montrent suffisamment. Il s'est pourtant perdu dans la suite et est resté caché pendant mille ans jusqu'à ce que les Italiens l'aient remis au jour, il n'y a pas plus de deux cents ans. Car les arts se perdent facilement, mais il faut beaucoup d'efforts et de temps pour les retrouver. Aussi puis-je espérer qu'aucun homme de bon sens ne blâmera mon projet et mon enseignement. Procédant d'une bonne intention, celui-ci profitera à tous ceux qui désirent apprendre cet art, aux peintres, mais aussi aux orfèvres, aux sculpteurs, aux tailleurs de pierre, aux charpentiers et tous ceux dont le travail se fonde sur les mesures ».

18. V. MARCHIS, L. DOLZA, « L'acqua. I numeri. Le machine. Al sorgere dell'ingegneria idraulica moderna », dans A. FIOCCA (ed.), *Giambattista Aleotti e gli Ingegneri del Rinascimento*, Firenze, 1998, p. 207-221.

19. G. BEAUJOUAN, « Calcul d'expert en 1391 sur le chantier du Dôme de Milan », dans *Le Moyen Âge*, 69 (1963), p. 555 ; P. DU COLOMBIER, *Les chantiers des cathédrales. Ouvriers. Architectes. Sculpteurs*, Paris, 1973, p. 87-105 ; L. R. SHELBY, « The geometrical knowledge of mediaeval master masons », dans *Speculum*, 47 (1972), p. 395-421.

20. Albrecht DÜRER, *Géométrie*, Présentation, Traduction de l'allemand et notes par Jeanne PEIFFER, Paris, Seuil, 1995, p. 136.

De même, dans un discours prononcé à Padoue en 1464 sur la dignité et l'utilité des mathématiques, Regiomontanus critique l'ignorance mathématique des architectes qui fait que les bâtiments s'écroulent *ignavia architectorum* ou *ruditati opificis*[21]. A partir du XVe siècle, les ingénieurs, surtout les ingénieurs fortificateurs italiens, maîtriseront de mieux en mieux l'outil euclidien et publieront même des géométries[22]. Jean Errard ira jusqu'à réfuter Scaliger sur la quadrature du cercle. Au frontispice de ses *Raisons des forces mouvantes*, Salomon de Caus fait figurer Archimède, avec la balance hydrostatique, Héron d'Alexandrie avec le siphon inversé et la phrase pseudo-platonicienne « Que nul n'entre s'il n'est géomètre »[23]. En réalité, leur archimédisme est purement théorique, puisqu'Archimède n'a rien laissé sur les machines. La référence est un mythe accrédité par Plutarque[24]. « Au reste, Archimède avait une âme si élevée, un esprit si profond, et une si grande richesse de théories géométriques qu'il ne voulut jamais rien laisser par écrit sur la construction de ces machines qui lui avaient acquis tant de gloire (...) regardant la mécanique et, en général, tout art qu'on exerce pour le besoin, comme des arts vils et obscurs, il ne se livra qu'aux sciences dont la beauté et la perfection ne sont liées à aucune nécessité, et avec lesquelles toutes les autres ne sauraient entrer en comparaison (...) il ne regardait lui-même (ses machines) que comme de simples jeux de géométrie, qu'il n'avait faits que dans des moments de loisir et, la plupart sur les instances du roi Hiéron, qui ne cessait de l'engager à tourner son art des choses purement intellectuelles vers les objets sensibles et de rendre ses raisonnements en quelque sorte accessibles aux sens et palpables au commun des hommes en les appliquant par l'expérience à des choses d'usage ». Ainsi, Jean Errard essaiera de reconstituer les machines avec lesquelles Archimède aurait halé une trière sur le rivage et sorti de l'eau les navires de Marcellus[25].

21. Johannes REGIOMONTANUS, *Oratio habita Patavii in praelectione Alfragani*, Nuremberg, 1537, réed. dans *Opera collectanea*, éd. F. SCHMEIDLER, Osnabrück, 1972, p. 43-53.

22. P. BRIOIST, A. BRUNEAU, « Les mathématiciens dans la cité. Le cas des ingénieurs de la Renaissance », dans M. J. DURAND-RICHARD (éd.), *Les mathématiques dans la cité*, Presses universitaires de Vincennes, 2006, p. 23-44.

23. ELIAS, *Commentaires aux catégories*, p. 118, 18 Busse ; JEAN PHILOPON, *Commentaire au De anima*, p. 117, 29 Hayduck.

24. PLUTARQUE, *Vie de Marcellus*, 19.

25. Jean ERRARD, *Le premier livre des instruments mathématiques méchaniques*, Nancy, 1584. *Reproduction en fac-similé de l'édition de 1584 avec une introduction* d'Albert FRANCE-LANORD, Paris, Berger Levrault, 1979, planches 7 et 8.

La syntaxe des machines

En réalité, la démarche des ingénieurs ne consiste pas à appliquer la géométrie. Elle consiste à rassembler un corps de connaissances issues de la tradition et de la pratique et d'en faire un ensemble structuré en les ramenant à leurs principes[26].

Le titre de *mèkhanikè syntaxis* « arrangement ordonné de la mécanique » que Philon aurait donné à l'ensemble de son œuvre évoque la *syntaxis mathèmatikè* de Ptolémée, c'est-à-dire l'*Almageste*, mais il évoque aussi le titre d'un ouvrage de grammaire. Il s'agit d'agencer un discours structuré sur des connaissances apparemment diverses. L'ouvrage de Philon aurait compris 9 livres[27] : introduction, sur le levier, sur la construction des ports, sur les engins de jet, sur les pneumatiques, sur les automates, sur la construction des forteresses, sur le siège et la défense des places, sur les stratagèmes, un ensemble apparemment disparate où le sens originel de *mêkhanê* « invention astucieuse » reste présent. L'œuvre mécanique d'Héron comprend les automates, les engins de levage, les machines de jet, les miroirs, les pneumatiques et plusieurs ouvrages importants consacrés à la géométrie et au mesurage[28].

La comparaison s'impose, douze siècles plus tard, avec le carnet ou portfolio (improprement appelé album) de Villard de Honnecourt (manuscrit BNF français 19093)[29] composé vers 1225-1235 et enrichi peu après par l'énigmatique Magister II. L'ouvrage est une vraie syntaxe mécanique.

Le gros du recueil consiste en modèles d'architecture ou de sculpture, mais l'architecture n'est pas isolée d'un ensemble d'autres techniques ; la géodésie et le mesurage, la construction des engins de levage, des machines de guerre et des automates. Il y a une concordance frappante entre le contenu de la « syntaxe mécanique » par Philon de Byzance et celui du carnet de Villard.

26. De même que la géométrie spéculative dériverait du mesurage des terres selon PROCLUS, *In Euclidem*, p. 64,16-65,3 Friedlein. Voir M. CAVEING, *La figure et le nombre. Recherches sur les premières mathématiques des Grecs*, Presses du Septentrion, 1997.

27. A. G. DRACHMANN, art. « Philo of Byzantium », dans *Dictionary of Scientific Biography*, X (1974), p. 586-589. Sur la méthode des mécaniciens grecs, on verra A. G. DRACHMANN, *The mechanical technology of Greek and Roman Antiquity. A study of the literary sources*, Copenhague, 1963 et surtout Bertrand GILLE, *Les mécaniciens grecs. La naissance de la technologie*, Paris, Seuil, 1980.

28. A. G. DRACHMANN, *Hero of Alexandria. Dictionary of Scientific Biography*, VI (1972), p. 310-314.

29. Éditions par J. B. A. LASSUS, *Album de Villard de Honnecourt*, Paris, 1858, réimp. Paris, Laget, 1976 ; A. ERLANDE-BRANDENBURG, R. PERNOUD, J. GIMPEL, R. BECHMANN, *Carnet de Villard de Honnecourt*, Paris, Stock, 1986. Édition critique avec commentaires par H. R. HAHNLOSER, *Villard de Honnecourt. Kritische Gesamtausgabe des Bauhüttenbuches ms fr. 19093 der Pariser Nationalbibliothek*, 2e ed. Graz, 1972.

Il y a, en effet, des automates comme le chauffe-main à cardan, l'horloge (f. 6 v), la chantepleure hydraulique (f. 9), l'ange mécanique et l'aigle mobile, la scie automatique (f. 22 v) et les mouvements perpétuels (f. 5) ; des engins de guerre avec l'arc automatique (f. 22 v), le trébuchet (f. 30) ; des engins de levage (f. 22 v-23) ; du mesurage avec les « figures estraittes de géométrie » (f. 20), sans parler des recettes relatives aux matériaux, aux remèdes et aux couleurs (f. 21 v et 33).

Villard connaissait Vitruve. Mais de nombreux passages ont des parallèles livresques. Ainsi, la recette de mortier d'obturation (*maltha* f. 21 v) vient de Palladius (I, 40). La chantepleure (f. 9) est une fontaine intermittente comme les légendes 2, 3, 4 de la *Mappae clavicula* et se retrouve dans les *Pneumatiques* d'Héron ; la chaufferette (f. 9 r) avec sa suspension à la cardan ressemble à la légende 9 de *Mappae clavicula.* Les procédés de mesurage des ff. 20-21 viennent de géométries pratiques ; la fabrication de couleurs avec des pétales de fleurs et du gypse (f. 33) est la première d'Héraclius et se retrouve dans le réceptaire de Jean le Bègue.

À supposer même que l'on trouve un parallèle écrit pour chaque élément du carnet, on n'aura pas pour autant expliqué leur présence simultanée, leur rassemblement en ce qu'il faut bien appeler un corps de doctrine. Villard n'a fait ni un manuel d'instructions technologiques, ni un recueil d'*experimenta.* Le carnet rassemble des textes et des images de diverses origines : des images recueillies dans ses voyages et sa pratique, d'autres, comme les automates et les machines de guerre, prises à la tradition livresque ; d'autres enfin que Villard semble avoir inventées. Sous l'angle de l'efficacité, certaines fonctionnent comme telles, d'autres ne sont pas décrites avec assez de détails mais peuvent fonctionner ; d'autres sont franchement irréalisables.

Dans la suite de la tradition, on trouve de même un mélange inextricable de machines héritées de la tradition, de machines observées, de machines imaginées. C'est une tradition conservatrice qui ne tourne jamais le dos à l'Antiquité[30].

L'étape suivante de la démarche est d'anatomiser les machines, de les décomposer en des mécanismes plus simples qui les constituent. Vers 1335, le *Texaurus* de Guy de Vigevano[31] décrit les machines de guerre dans le cadre d'un projet de croisade. Vu le manque de bois en Terre Sainte, les machines sont préfabriquées en pièces détachées pour être transportées sur

30. H. BREDEKAMP, *Antikensehnsucht und Maschinenglaube. Die Geschichte der Kunstkammer und die Zukunft der Kunstgeschichte*, 2e ed. Berlin, 2000.

31. A. R. HALL, « Guido's Texaurus 1335 », dans *On Premodern Technology and Science. Studies in honor of Lynn White, Jr.*, Los Angeles, 1976 repris dans *Science and Society*, Variorum, 1994, VIII.

des animaux de bât. Ceci implique une réflexion sur les éléments constitutifs des machines de guerre. Francesco di Giorgio Martini (1439-1501) s'efforce de classer les machines par catégories fondées sur des principes communs. Il classe ainsi 58 types de moulins (à eau, vent, hommes, animaux). Il étudie les différentes formes de roues hydrauliques (à cuillères, à augets, horizontales, etc.) et le rapport entre le nombre de dents et soit la vitesse de la roue et du pignon, soit la vitesse de la meule[32].

On se trouve au début de la méthode « anatomique » que Léonard de Vinci applique tant aux vivants qu'aux machines, pour en isoler les mécanismes et les recombiner dans des mécanismes nouveaux.

Mimesis et analogie

La capacité d'innovation marginale des ingénieurs est limitée. Ils innovent à partir de machines existantes. L'ingénieur décompose les machines en leurs éléments constituants et les agence pour constituer une autre machine. Il suit en cela les règles de la *mimesis*[33]. Selon Vitruve[34] « toute la machinerie est dérivée de la nature, et elle est fondée sur l'enseignement et l'instruction de la révolution du firmament. Considérons seulement les révolutions du Soleil, de la Lune, et des cinq planètes, sans les révolutions desquelles dues au mécanisme, nous n'aurions pas eu l'alternance des jours et des nuits, ni le mûrissement des fruits. Donc, quand nos ancêtres ont vu que c'était ainsi, ils ont pris leurs modèles dans la nature, et en les imitant furent conduits par des faits divins jusqu'à ce qu'ils perçoivent les dispositifs qui sont si utiles à notre vie ». Cette intuition sous-tendra pendant des siècles la réflexion des mécaniciens. Elle légitimera en retour l'application du modèle des machines à l'interprétation de l'univers et du corps humain. En revanche, elle constituera un obstacle épistémologique à l'innovation. L'imitation des oiseaux bloquera les recherches sur le vol humain dans l'impasse des machines à ailes battantes[35].

Le rôle de la *mimesis*, imitation de la nature, dans les arts visuels du Quattrocento a été mis en évidence par Martin Kemp[36]. Il est tout aussi important

32. FRANCESCO DI GIORGIO MARTINI, *Trattati di architettura ingegneria e arte militare*, a cura di Corrado MALTESE, transcrizione di Liviù MALTESE DEGRASSI, 2 vols, Milan, 1967.

33. Voir H. KOLLER, *Die Mimesis in der Antike*, Berne, 1954.

34. VITRUVE, X, 1, 4.

35. Jules DUHEM, *Histoire des idées aéronautiques avant Montgolfier*, Paris, Fernand Sorlot, 1943.

36. M. KEMP, « From *Mimesis* to *Fantasia* : the Quattrocento vocabulary of creation, inspiration and genius in the visual arts », dans *Viator*, 8 (1977), p. 347-399.

chez les ingénieurs humanistes comme Giovanni Fontana[37] (vers 1420). Très érudit, il connaît Héron, Philon et les mécaniciens arabes, et considère l'art de l'ingénieur comme une imitation et une interprétation de la nature qui l'assimile au magicien.

La méthode de Léonard de Vinci s'inscrit dans la même perspective d'imitation de la nature et de perfectionnement des inventions de ses prédécesseurs.

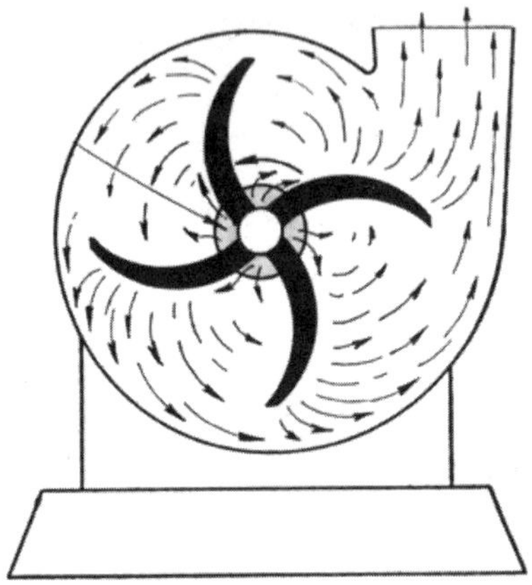

Schéma d'une pompe centrifuge

Ainsi l'idée de la pompe centrifuge lui fut suggérée par l'observation du fait que le mouvement circulaire de la main dans un seau produit un tourbillon ayant la forme d'un cône renversé[38]. Léonard songe à utiliser un tel tourbillon entretenu par un moyen mécanique pour siphonner l'eau des marais en bordure de la mer. Il écrit dans le manuscrit E de Paris, folio 132 « La main tournée en un mouvement circulaire dans un vase à moitié rempli d'eau, provoque un tourbillon accidentel qui découvrira à l'air le fond de ce vase, et quand sa puissance motrice sera au repos, ce tourbillon suivra le

37. Son recueil en écriture cryptographique (München Bayerische Staatsbibliothek, cod. Iconogr. 242) comprend un *Bellicorum instrumentorum liber cum figuris et fictictiis litteris conscriptis* et un *Secretum de thesauro experimentorum ymaginationis hominum*. Ed. E. BATTISTI, G. SACCARO BATTISTI, *Le machine cifrate di Giovanni Fontana con la riproduzione del Cod. Icon. 242 della Bayerische Staatsbibliothek du Monaco di Baviera e la decrittazione di esso e del cod. Lat. Nouv. Acq. 635 della Bibliothèque Nationale di Parigi*, Milano, Arcadia Edizioni, 1984.

38. Manuscrit F de Paris, f. 13 r-16 v ; Ms. Arundel f. 63 v.

même mouvement, mais il diminuera continuellement jusqu'à la fin de l'impulsion communiquée par sa force motrice (...). Fais cette expérience dans un seau avec une barre de fer et fais faire ce seau petit »[39]. C'est l'origine de la pompe centrifuge, comprenant un conduit d'entrée, une roue à palettes (rotor garni d'ailettes), placée dans un carter bien fermé, et un conduit de sortie. On en trouve quelques essais dans le Théâtre de machines de Ramelli[40]. C'est John Appold qui la mit au point dans les années 1850-1860, et la sociéte Sulzer qui lui donnera son grand développement à partir de 1900[41].

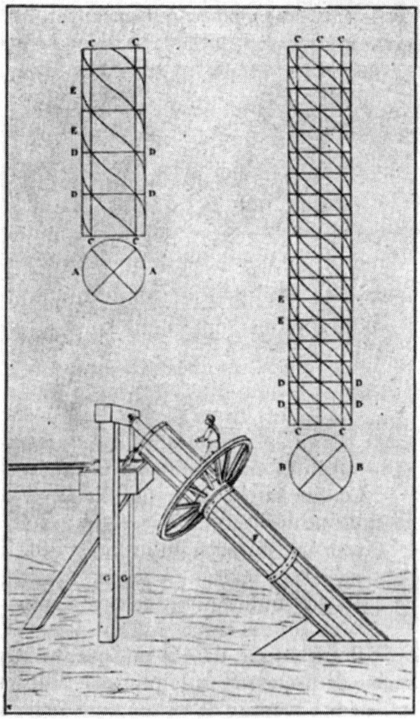

Vis d'Archimède d'après B. BUFFET, E. EVRARD, *L'eau potable à travers les âges*, Liège 1950

39. Trad. A. Chastel. Sur les recherches hydrauliques de Léonard : H. ROUSE, S. INCE, « History of Hydraulics », *Supplément to « La Houille Blanche »*, 1 (1955), p. 44-50.

40. Agostino RAMELLI, *Le Diverse e Artificiose Machine*, Paris, 1588, f. 60r fig. 39 ; f. 168 fig. 108.

41. A. ENGEDA, *From the Crystal Palace to the pump room,* Communication au *International Gas Turbine and Aeroengine Congress and Exhibition*, Stockholm, 1998.

L'autre exemple est la vis d'Archimède, ou limaçon, décrite par Vitruve[42]. C'est un cylindre à l'intérieur duquel étaient enfermées plusieurs spirales que l'on faisait tourner. L'eau pénètre par la partie inférieure de la machine inclinée et de spire en spire était élevée jusqu'à la partie supérieure. On l'utilisait pour arroser, écoper les bateaux, épuiser l'eau des mines. Elle ne fut jamais oubliée en Occident[43] et les ingénieurs en font grand usage.

La vis d'Archimède dérive de la vis. Le couple vis-écrou est d'abord un outil utilisé pour pousser ou pour monter (vérin, arbre de pressoir). Les auteurs en attribuaient l'invention à Archytas de Tarente[44]. Les mécaniciens s'efforcent d'en donner la théorie. Pour Héron[45], « la vis est un coin courbe qui ne reçoit pas de coups, mais qu'un levier met en mouvement » et il décrit un procédé de traçage. Dans la préface à son *Libro degli elementi macchinali*[46], Léonard écrit : « On montrera la nature de la vis [...] qu'elle doit être employée en traction plutôt qu'en poussée ; qu'elle a plus de force si elle est simple que si elle est double et fine plutôt que grosse lorsqu'elle est mue par un levier de même longueur et avec une même force. On énumérera brièvement les diverses façons d'employer la vis sans fin et les divers types qu'on peut fabriquer [...] et comment la vis sans fin s'assemble avec les roues dentées [...] On parlera de la nature des écrous [...] On parlera des vis inversées, des vis qui par un même mouvement poussent et tirent un poids, des vis qui lorsqu'on leur donne un tour font déplacer leurs écrous de plusieurs tours [...] et l'on dira de quelle façon les fabriquer et de quelle façon les utiliser ».

La vis d'Archimède est ainsi une illustration des possibilités infinies de la vis, puisque l'eau suit le chemin de l'écrou. Diodore en attribue l'invention à Archimède lors d'un voyage en Égypte.

On ne sait si la machine était déjà utilisée en Égypte avant Archimède, ou bien si Archimède la découvrit dans le cadre de sa recherche sur les lignes spirales[47]. Il y étudie la courbe décrite par un point qui se meut d'un mouvement uniforme sur une droite tournant elle-même d'un mouvement uniforme autour d'un de ses points.

Léonard perfectionne la vis d'Archimède. On trouve par exemple des vis doubles ou la combinaison de deux longues vis actionnées par une roue

42. VITRUVE, X, 6, 1, avec les notes de Callebat, p. 153-161.

43. C. FREMONT, *La vis*, Paris, 1928 (*Études expérimentales de technologie industrielle*, 75). Selon Fremont, la vis elle-même est une imitation des coquillages cérithes.

44. AULU-GELLE, X, 12.

45. CARRA DE VAUX, « Les mécaniques ou l'élévateur de Héron d'Alexandrie », dans *Journal Asiatique*, 9e sér. 1 (1893), 386-472 et 2 (1893), 152-269, 420-514, p. 121 du t.à.p.

46. Codex I de Madrid, f. 82 r.

47. C'est l'opinion de A. G. DRACHMANN, « The screw of Archimedes », dans *Actes du VIIIe Congrès International d'Histoire des Sciences*, Florence-Milan, 1956, p. 940-943.

hydraulique qui élève l'eau au-dessus de deux tours[48]. Persuadé d'en avoir compris le principe, il construit par analogie son hélicoptère qui est fondamentalement une vis qui se visse dans l'air ou une vis d'Archimède qui fonctionne à l'envers[49].

Pour Léonard, l'eau et l'air se comportent de la même manière. « Ainsi fait la main du nageur qui s'appuie sur l'eau et fait avancer son corps en mouvement contraire, ainsi fait l'aile de l'oiseau »[50]. L'hélicoptère est donc une vis aérienne « Si cet instrument en forme de vis est bien fait c'est-à-dire fait en toile de lin, ses pores bouchés avec de l'amidon, et si on le fait tourner rapidement, il se trouve que cette vis fait son écrou dans l'air et monte très haut »[51].

Léonard renoue ainsi avec le projet des mécaniciens grecs ou plutôt donne son plus grand développement à un projet qui était implicite.

Machines impossibles et mouvements perpétuels ou la rhétorique des machines

Dans la préface de ses *Raisons des forces mouvantes*, Salomon de Caus observe[52] « Besson, Ramelli et quelques autres ont mis en lumière quelques machines inventées par eux sur le papier, mais peu d'icelles peuvent avoir aucun effet ». De fait, on a depuis longtemps observé que bon nombre de machines ne peuvent pas fonctionner. En réalité, ces machines sont correctement raisonnées dans le cadre de la méthode, les éléments des machines sont correctement combinés. Certaines peuvent même fonctionner en modèle réduit. L'ingénieur ne prend pas en compte les facteurs expérimentaux comme le poids, la résistance des matériaux, le frottement ou l'énergie.

Un seul exemple suffira. Vers 370 de notre ère, un notable romain de l'Est de l'Empire écrivit, en s'inspirant des mécaniciens grecs, un *De rebus bellicis* où il proposait de mécaniser l'armée[53]. Pour suppléer au manque de rameurs,

48. *Codex Atlanticus*, f. 7 va ; f. 1069 r. Reproduit dans P. GALLUZZI, *Les ingénieurs de la Renaissance de Brunelleschi à Léonard de Vinci*, Paris, Florence, 1995, p. 49 fig. 44.

49. Bien vu par C. TRUESDELL, *Essays in the History of Mechanics. I. The Mechanics of Leonardo da Vinci*, Dordrecht, Boston, 1968, p. 63.

50. Manuscrit I de Paris, f. 41 v, trad. A. Chastel.

51. Manuscrit B de Paris, f. 83.

52. SALOMON DE CAUS, *Les raisons des forces mouvantes avec diverses machines tant utilles que plaisantes auxquelles sont adjoints plusieurs desseings de grotes et fontaines*, Francfort, Norton, 1615.

53. E. A. THOMPSON, *A Roman reformer and inventor. Being a new Text of Treatise* De rebus bellicis, Oxford, Clarendon, 1952, ch. XVII, p. 102.

il proposa une liburne, navire mû par une roue à aubes, elle-même actionnée par des bœufs tournant un cabestan.

La liburne dérive des moulins sur bateaux que l'on ancrait dans le Tibre. On retrouve la roue à aubes et l'engrenage à angle droit. Les meules sont remplacées par les bœufs tournant sur le pont. C'est donc très exactement un moulin à eau tournant à l'envers. La liburne se retrouve dans le *Bellifortis* de Kyeser, et les Jésuites de Chine en tentèrent l'essai. Mais elle est lourde et peu puissante, surtout par tempête.

C'est le même problème qui handicape l'hélicoptère de Léonard, tous les tourniquets mus par un jet de vapeur, ou les chars de guerre actionnés par un moulin à vent.

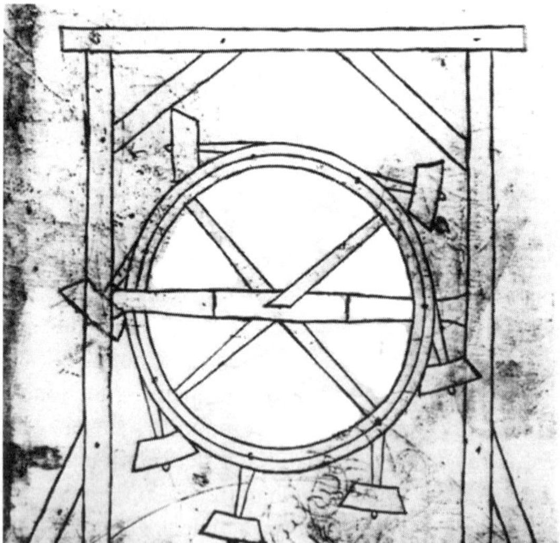

Mouvement perpetuel de Villard de Honnecourt d'après Lassus

Ce sont les mouvements perpétuels qui font le mieux comprendre le fonctionnement de la méthode et ses limites. On lit dans le carnet de Villard de Honnecourt, au f. 52 *Maint ior se sont maistre desputé de faire torner une ruee par li seule : ves vent ent a com en puet faire per maillès non pers u par vif argent*, « À de nombreuses occasions, les maîtres ont disputé de faire tourner une roue par elle seule : voyez ici comment on peut faire par des maillets impairs ou du vif argent ». L'expression « disputé » évoque une méthode de travail en commun, une pratique voisine de la *disputatio* universitaire dans le milieu des ingénieurs[54]

Des deux mouvements perpétuels, seul le premier est représenté. Le dessin figure une roue à quatre rayons, dont la jante est munie à l'extérieur de sept maillets basculant tour à tour. Citons l'analyse de J. B. Lassus[55] « Les deux montants de cette potence, irréprochable comme assemblage de bois, servent à supporter l'axe d'une roue armée de maillets mobiles autour d'un axe placé sur la jante. Villard supposait d'abord, en disant que les maillets étaient en nombre impair, qu'il y en aurait toujours quatre d'un côté ainsi que sa figure l'indique, et trois seulement de l'autre, de sorte que le centre de gravité était toujours en dehors du centre de la roue, celle-ci serait sans cesse sollicitée à tourner ». En réalité, le premier menuisier venu pourrait construire la roue et s'apercevoir qu'elle ne tourne pas.

La machine à vif argent n'est pas dessinée, Lynn White en a épinglé un parallèle chez le mathématicien Bhaskara en 1159[56], mais le type de roue existe chez les mécaniciens arabes[57]. En fait, les deux machines mettent en œuvre le déplacement du centre de gravité, connu dès l'Antiquité dans les statues creuses faisant la culbute qui auraient prétendument été construites par Dédale[58].

Deux autres mouvements perpétuels sont à peu près contemporains. On les trouve dans la *Lettre sur l'aimant* écrite en 1269 par Pierre le Pèlerin (Petrus Peregrinus) ou Pierre de Maricourt[59]. L'importance de l'ouvrage est reconnue par les historiens de la physique[60]. En effet, c'est, semble-t-il, la première

54. Sur cette communauté d'« habitudes mentales », voir E. PANOFSKY, *Architecture gothique et pensée scolastique*, trad. et postface de Pierre BOURDIEU, 2e éd., Paris, Minuit, 1992, p. 83-87.

55. J. B. LASSUS, *Album de Villard de Honnecourt, architecte du XIIIe siècle.* Ouvrage mis à jour après la mort de Lassus par Alfred Darcel, Paris, 1858, réimp. Laget, 1976.

56. L. WHITE, *Technologie médiévale et transformations sociales*, Paris, La Haye, 1969, p. 110-111.

57. Voir H. SCHMELLER, *Beiträge zur Geschichte der Technik in der Antike und bei den Arabern*, Erlangen, 1922, p. 17 ; D. LORHMANN, « Östliche Mechanik auf dem Weg nach Europa zur Zeit der Kreuzzüge », dans H.J. KOTZUR (ed.), *Die Kreuzzüge*, Mainz, 2000, p. 287-295.

58. ARISTOTE, *De anima*, I, 3, 406 B19 « Dédale anima une Aphrodite de bois en y versant du mercure » ; THEMISTIOS, *In Libros Aristotelis de anima paraphrasis*, p. 19, 5-12 Heinze ; Jean PHILOPON, *In Arist. de anima*, I, 5, p. 114.35-115.3 Hayduck.

59. Loris STURLESE, Ron B. THOMSON, *Petrus Peregrinus de Maricourt. Opera. Epistola de magnete. Nova compositio astrolabii particularis*, Pise, Scuola normale superiore, 1995.

60. H. BALMER, *Beiträge zur Geschichte der Erkenntnis des Erdmagnetismus*, Aarau, 1956, p. 56-67 ; D. SPEISER, P. RADELET-DE GRAVE, « Le *De magnete* de Pierre de Maricourt. Traduction et commentaire », dans *Revue d'histoire des sciences*, 28 (1975), p. 193-234, d'après les éditions anciennes de T. Bertelli et G. Hellmann (avec la litt. ant.).

fois que les phénomènes d'attraction et de répulsion et ceux de direction magnétique se trouvent intégrés dans une théorie cohérente[61]. L'*Epistola* est à la fois un traité de philosophie naturelle sur le problème de l'attraction magnétique qui embarrassait les physiciens depuis Thalès de Milet[62] et la recherche sur la raison d'une machine, la boussole, connue en Occident depuis la fin du XIIe siècle et issue, non de la réflexion théorique, mais de la pratique des navigateurs[63]. Nous ne savons rien de l'auteur, sauf qu'il était issu du même milieu picard que Villard et qu'il a travaillé en étroite concertation avec le médecin Jean de Saint Amand et avec Roger Bacon, qui fait de lui le « maître des expériences »[64]. Quoi qu'il en soit, sa méthode est celle d'un ingénieur. Il procède par manipulations sur l'objet, par *probationes*. Une fois les principes mis au jour, il en tire des applications, les unes réalisables et réalisées (la boussole azimutale, la boussole à pivot dans un boîtier) et d'autres irréalisables (le mouvement perpétuel).

Pierre annonce sa machine en des termes semblables[65] « Dans ce chapitre je vous révélerai la manière de composer une roue continuellement en mouvement par un artifice admirable à l'invention de laquelle j'ai vu bien des gens errer et se fatiguer d'un labeur multiple. Ils ne remarquent pas que l'on peut arriver à une telle maîtrise par la vertu ou le pouvoir de cette pierre ».

La machine combine l'attraction magnétique et le déplacement du centre de gravité. Elle comprend une roue creuse en argent (non magnétique) dont le pourtour intérieur est garni de dents ou clous déclives en fer. La roue tourne autour d'un axe immobile auquel est fixé une tige portant un aimant sphérique. Les dents seront successivement attirées par l'aimant, faisant ainsi tourner la roue. Pour accélérer le mouvement, on ajoute un petit jeton de cuivre ou d'argent (non magnétique) qui fait contrepoids du côté opposé à l'aimant[66]. Comme l'observe Andreas Kleinert, c'est la combinaison d'un mouvement magnétique et d'un mouvement mécanique.

61. J. DAUJAT, « Note sur la fondation de la physique du magnétisme au XIIIe siècle. Pierre de Maricourt », dans *Thalès*, 2 (1975), p. 158-161.

62. J. DAUJAT, *Origines et formation de la théorie des phénomènes électriques et magnétiques*, Paris, 1945.

63. Julian A. SMITH, « Precursors to Peregrinus : the early history of magnetism and the mariner's compass in Europe », dans *Journal of Medieval History*, 18, 1 (1992), p. 21-74.

64. R. HALLEUX, « Entre philosophie naturelle et savoir d'ingénieur. L'*Epistola de magnete* de Pierre de Maricourt », dans *Archives Internationales d'Histoire des Sciences*, 56 (2006), p. 1-17.

65. *Epistola*, p. 86, *In hoc autem capitulo tibi revelabo modum componendi rotam continue mobilem mirabili ingenio in cuius inventione multos vidi vagos ac labore multiplici fatigatos. Non enim advertebant per virtutem seu potentiam huius lapidis ad huiusmodi magisterium posse deveniri.*

66. Il y a contradiction entre le texte et ses illustrations. Voir Andreas KLEINERT, « Wie funktionierte das Perpetuum mobile des Petrus Peregrinus ? », dans *NTM*, n.s. 11 (2003), p. 155-170.

Mais il existe une autre machine à mouvement perpétuel qui n'est pas présentée comme telle, mais comme une démonstration expérimentale de l'influence que les parties du ciel exercent sur les parties de la pierre « Polissez la pierre en rond et trouvez les pôles, disposez la pierre sur deux tiges pointues de sorte qu'à chaque pôle une tige soit légèrement fixée à la verticale sur la pierre, de sorte que la pierre puisse se mouvoir sur elle sans difficulté. Ceci fait, vérifiez que les parties de la pierre aient le même poids, en la faisant tourner doucement sur les tiges précitées. Et cela vous le ferez plusieurs fois et à plusieurs heures du jour, avec une ingéniosité sagace. Ceci fait, disposez la pierre dans le cercle méridien sur ses deux tiges légèrement fixées aux pôles de la pierre, pour qu'elle se déplace à la manière des sphères armillaires de sorte que l'élévation et la dépression des pôles soient selon l'élévation et la dépression des pôles du ciel, réjouissez-vous d'avoir obtenu un secret admirable. Sinon, accusez votre propre maladresse plutôt qu'un défaut de la nature (...) Par un tel instrument, vous pourrez vous passer de toute horloge. Car avec lui vous pourrez connaître l'ascendant à l'heure que vous voudrez, et les autres dispositions du ciel que cherchent les astrologues »[67]. Cette toupie magnétique se retrouve dans l'*Opus Maius* de Roger Bacon[68]. Dans la suite, des ingénieurs construisirent des mouvements perpétuels fondés sur l'aimant, par exemple Konrad Gruter von Werden en 1393[69].

Particulièrement intéressante est l'observation sur l'habileté manuelle. Pierre y insiste et définit le rôle de la pratique manuelle dans son travail « sachez, très cher, que l'artisan de ce travail doit connaître la nature des choses et n'être pas ignorant des mouvements célestes. Mais il doit être habile au travail des mains pour pouvoir montrer par son travail les effets admirables. Car par son habileté il pourra facilement corriger une erreur, ce que pour l'éternité, il ne pourrait faire par la science naturelle et les mathématiques

67. *Epistola*, p. 79. *Quod tibi tali modo consulo experiri. Rotundetur lapis et inveniantur poli in eo, et post dispone super duos stilos acutos lapidem ita, quod cuilibet polo unus sit stilus leviter affixus in suo puncto in lapide, ut lapis sine difficultate super eos possit moveri. Quo facto experiaris, si lapidis partes aequaliter ponderent, volvendo ipsum leviter super dictos stilos. Et hoc pluries et in pluribus horis diei facies sagaci industria. Quo facto lapidem dispone in orbe meridiano super suos stilos leviter in polis lapidis affixos ut moveatur ad modum armillarum ita quod polorum ipsius elevatio et depressio sit secundum elevationem et depressionem polorum caeli in regione, in qua fueris. Quod si tunc lapis moveatur secundum coeli motum, gaudeas te asse assecutum secretum mirabile. Si vero non, imperitiae tuae potius quam naturae defectui imputetur. Per hoc autem instrumentum excusaberis ab omni horologio. Nam per ipsam scire poteris ascendens in quacumque hora volueris et omnes alias caeli dispositiones, quas quaerunt astrologi.*

68. Roger BACON, *Opus maius*, p. 202 Bridges.

69. D. LOHRMANN, H. KRANZ, U. ALERTZ, *Konrad Gruter von Werden. De machinis et rebus mechanicis. Ein Maschinenbuch aus Italien für den König von Dänemark 1393-1424*, 2 vols (*Studi e testi*, 428 et 429), t. II, p. 116-120, ch. 24.

seules s'il était privé du travail des mains. Dans les travaux cachés, nous avons grand besoin d'habileté manuelle, et, dans la plupart des cas, sans elle, nous ne pouvons rien faire d'achevé. Car beaucoup de choses sont soumises à l'empire de la raison que nous ne pouvons réaliser à la main »[70].

Si la machine est correctement raisonnée, c'est à l'habileté manuelle qu'il appartient de régler les problèmes d'énergie, de poids et de frottement. La démarche des ingénieurs est fondamentalement une abstraction et une conceptualisation de la machine.

Ceci explique l'enthousiasme technicien d'un opuscule baconien quelquefois tenu pour inauthentique, mais bien dans l'esprit du maître, *l'Epistola de secretis operibus artis et naturae et de nullitate magiae*[71] où les *experimenta* naturels et techniques servent à démontrer les supercheries des magiciens. Les matériaux sont souvent puisés à l'œuvre authentique. Le chapitre IV énumère les machines merveilleuses en extrapolant à partir de l'expérience des ingénieurs. « Je vais d'abord vous raconter maintenant les œuvres admirables de l'art et de la nature pour en donner ensuite les causes et le fonctionnement. Vous verrez qu'il n'y a rien de magique et vous verrez que tout pouvoir magique est inférieur à ses réalisations et indigne d'elle. On peut faire des machines à naviguer pour les rameurs, de sorte que les plus grands navires de rivière et de mer soient actionnés par un seul homme à la barre bien plus vite que s'ils étaient pleins de marins. On pourrait construire des chars qui se déplaceraient sans animaux de trait avec un élan inestimable. Il semble que les chars à faux utilisés dans les batailles de l'Antiquité étaient de ce genre. On peut aussi construire des machines à voler de sorte qu'un homme, assis au milieu de la machine tourne un certain engin par lequel des ailes artificielles frappent l'air comme un oiseau qui vole. On peut faire aussi un instrument de petite taille pour monter et descendre des poids quasiment infinis. L'utilité de cet appareil est insurpassable, car avec un instrument d'une hauteur de trois doigts, de même largeur et de petite taille, un homme pourrait s'arracher lui-même, et ses compagnons, hors de toute oubliette, se faire monter et redescendre. On peut facilement faire une machine avec laquelle un seul homme attirerait à lui, par violence, mille hommes malgré eux ; et ainsi pour l'attraction de toute autre chose. On peut aussi faire des machines pour marcher au fond de la mer et des fleuves sans danger corporel car Alexandre le Grand s'en est servi pour voir les secrets de la mer, à ce que raconte l'astro-

70. *Epistola*, p. 65-66 Sturlese.

71. *Epistola fratris Rogerii Baconis de secretis operibus artis et naturae et de nullitate magiae* dans Brewer, p. 523-551, spéc. p. 540. Ed. Francesco BOTTIN, *La scienza sperimentale. Lettere a Clemente IV. I segreti dell'arte e dalla natura*, Milano, Rusconi, 1990 (I classici del pensiero. Sezione II. Medioevo e Rinascimento).

nome Ethicus. Tout a été construit dans l'Antiquité et à notre époque, et c'est certain. Sauf la machine à voler, que je n'ai pas vue, et je n'ai pas connu l'homme qui l'a vue, mais je connais explicitement un savant qui a inventé cet engin. Et on peut faire une infinité d'autres choses comme des ponts sur les fleuves, sans piliers, ni aucun autre support, et des machines et des engins inouïs ».

Ce programme tire les ultimes conséquences de la *Syntaxe mécanique*. Il reflète peut-être aussi les préoccupations d'un milieu. Pierre de Maricourt, Villard de Honnecourt, Roger Bacon sont proches dans les idées, dans le temps, mais aussi dans l'espace picard, où une tradition d'ingénierie semble avoir fleuri. Construit peu après 1288, le parc du château d'Hesdin, près de Saint Omer, était plein d'automates, jeux mécaniques, statues animées, horloges avec peut-être un labyrinthe (la maison Dedalus)[72].

C'est la confiance dans la méthode et les principes qui maintient vivante la chimère du mouvement perpétuel depuis le Moyen Âge[73] jusqu'à l'âge classique et bien au-delà.

72. Anne HAGOPIAN-VAN BUREN, « The Park of Hesdin », dans E. MAC DOUGALL (ed.), *Medieval Gardens*, Dumbarton Oaks, 1985.

73. Dietrich LOHRMANN, « Idee und Wirklichkeit des Perpetuum mobile im Mittelalter », dans *Technikgeschichte*, 73 (2006), p. 227-251.

ÉPILOGUE

Pour le lancement de la *Revue de Métallurgie*[1], le métallographe Floris Osmond offrit en 1912 à Henry Le Chatelier un poème intitulé « Profession de foi ». Les premières strophes valent d'être citées :

« L'industrie autrefois entassait des recettes
Rubis bruts un par un trouvés dans les hasards
Et la tradition de pratiques secrètes
Etait le fonds commun des métiers et des arts.
Dans ce chaos tout plein de formules arides
La science entre enfin qui saura les classer
La méthode pour lampe et les essais pour guides
Elle marche à pas lents sans jamais se lasser ».

L'histoire est plus compliquée que cela. Il est vrai que la « nouvelle science », maîtresse de sa méthode, de son outil physico-mathématique et de son modèle de la matière revint dès le XVIIe siècle aux arts et métiers dont elle était issue pour les perfectionner. Il fallait pourtant être bien infatué pour y prétendre, car méthodes et modèles étaient imparfaits et se ressentaient du bricolage qui les avait élaborés.

Mais à mesure que se perfectionnait la formalisation, s'affirmait la volonté de transformer les arts en sciences appliquées. Dès 1634, Mersenne dédie ses *Mechaniques de Galilée* aux « Architectes, Ingénieurs, Fonteniers, Philosophes et Artisans ». Cette grande entreprise sera menée par les Académies et par le haut enseignement technique.

Dès leur fondation, les académies combinent le programme baconien et la nouvelle science. Selon un projet de statuts rédigé en 1663 par Robert Hooke

1. *Revue de Métallurgie*, 7 (1912), p. 765. Ces vers de caramel ont été tirés d'un juste oubli par Nicole CHEZEAU, *De la forge au laboratoire. Naissance de la métallurgie physique (1860-1914)*, Presses Universitaires de Rennes, 2004, p. 69.

pour la Royal Society : « la tâche de la Société Royale est de faire progresser la connaissance des choses de la nature et d'améliorer par l'expérience les arts utiles, les manufactures, les procédés mécaniques, les inventions (...) d'essayer de faire renaître certains arts intéressants et inventions aujourd'hui perdues, d'examiner tous les systèmes, théories, principes, hypothèses, éléments, description et expérimentation des choses naturelles, mathématiques et mécaniques inventées, rapportées ou pratiquées par tous les auteurs importants anciens et modernes »[2]. C'est tout le sens de la collecte d'information menée par son secrétaire perpétuel, Henry Oldenburg (vers 1618-1677) dans une correspondance avec toute l'Europe[3].

L'Académie des Sciences de Paris est née de la rencontre entre des expérimentateurs à la recherche de cette sociabilité déjà réclamée par Descartes[4] et un pouvoir en quête d'un bureau d'études permanent. Fontenelle écrit : « La France devoit par toute sorte de titres avoir une Académie des Sciences et déjà cette compagnie y naissait d'elle-même, comme dans un terroir naturellement bien disposé. Ainsi, après que la Paix des Pirénées eut été concluë, le Roi jugea que son royaume, fortifié par les conquêtes qui venoient de lui être assurées, n'avoit plus besoin que d'être embelli par les Arts et par les Sciences, et il ordonna à M. Colbert de travailler à leur avancement »[5]. L'inventaire baconien des « bonnes pratiques » sous la forme d'une « description des arts » fut inscrit à son programme dès son renouvellement en 1699[6]. Dès son accession à la Régence, Philippe d'Orléans engagea l'Académie des Sciences dans une enquête, confiée aux soins des intendants, pour inventorier la quantité et la qualité des ressources minérales de la France[7].

2. T. BIRCH, *A History of the Royal Society of London*, t. I, London, 1756.

3. A. R. HALL, « Henry Oldenburg et les relations scientifiques au XVIIe siècle », dans *Revue d'histoire des sciences et leurs applications*, t. XXIII, 1970, p. 285-304 ; ID., « Oldenburg, Henry », dans *Dictionary of Scientific Biography*, t. X, New York, 1974, p. 200-203 ; M. HUNTER, « Promoting the New Science : Henry Oldenburg and the Early Royal Society », dans *History of Science*, t. XXVI, 1988, p. 165-181, réédité dans M. HUNTER, *Establishing the New Science : the Experience of the Early Royal Society*, Woodbridge, 1989, p. 245-260. Voir aussi *The correspondence of Henry Oldenburg*, éditée et traduite par A. R. HALL et M. BOAS HALL, t. I-IX, Madison, Milwaukee, 1965-1973 ; t. X-XI, Londres, 1975-1977 ; t. XII-XIII, Londres, Philadelphie, 1986.

4. DESCARTES, *Discours de la méthode*, p. 61-62 Adam-Tannery. Claire SALOMON-BAYET, *L'institution de la science et l'expérience du vivant. Méthode et expérience à l'Académie royale des sciences, 1666-1793*, Paris, 1978.

5. FONTENELLE, *Histoire de l'Académie Royale des Sciences, t. I. Depuis son établissement en 1666 jusqu'en 1686*, Paris, 1733, p. 5.

6. *Histoire de l'Académie Royale des Sciences, année 1699, avec les Mémoires... pour la même année*, Paris, 1702, 2 parties en 1 vol., 1re partie, p. 117.

7. *L'Enquête du Régent, 1716-1718. Sciences, techniques et politique dans la France pré-industrielle.* Corpus de textes établis, présentés et annotés par Christiane DEMEULENAERE-DOUYERE et David STURDY, Turnhout, Brepols, 2008.

Par la suite, l'Académie ne cessa de travailler jusqu'à la fin de l'Ancien Régime à la grande *Description des arts et métiers*, avec l'aide de dessinateurs et d'industriels[8].

D'autre part, l'Académie reçut pour tâche d'éclairer les artisans par les lumières de la science. Dès 1675, Louis XIV et Colbert pressèrent l'Académie des Sciences d'écrire : « un traité de Méchanique, où la Théorie et la Pratique fussent expliquées d'une manière claire et à la portée de tous : on devait cependant séparer de la Théorie tout ce qui pouvait appartenir de trop près à la Physique, tout ce qui pouvait faire naître de la dispersion : on devait le renfermer dans une espèce d'introduction à tout l'ouvrage. On décrirait ensuite dans l'ouvrage même toutes les machines en usage dans la pratique des Arts soit en France soit dans les pays étrangers ». L'ennemi était montré du doigt : c'est la routine, le conservatisme des artisans[9]. En 1699, le nouveau statut enjoignait à l'Académie d'examiner toutes les machines « nouvelles et utiles » que le Roi lui soumettrait. C'est le recueil des 377 *Machines et inventions approuvées* publié en sept volumes à partir de 1736[10].

Un rapport de 1720, probablement de Réaumur, développe l'idée que les académiciens devraient pouvoir inspecter les manufactures et les travaux de génie civil[11] pour que les arts bénéficient du secours des savants. On trouve même dans les papiers de l'abbé Bignon, représentant du pouvoir à l'Académie, le projet d'une académie spéciale, la « Société Académique des Beaux-Arts », ancêtre de notre Académie des Technologies, qui aurait pour but de « perfectionner les Arts par le secours des sciences », avec pour principaux objets « la Géographie, la navigation et les mécaniques ». Les promoteurs étaient conscients que « la théorie seule n'alait gueres plus loin qu'à satisfaire la curiosité, et que la pratique dénuée des lumières de la théorie n'estoit ordinairement qu'une espece d'habile routine, que le bonheur du succes n'accom-

8. R. HALLEUX, J. MC CLELLAN, D. BERARIU, G. XHAYET, *Les publications de l'Académie Royale des Sciences de Paris*, t. I, Turnhout, Brepols, 2001, p. 485-550 ; Anne-Sylvie GUENOUN, « Les publications de l'Académie des Sciences », dans E. BRIAN, C. DEMEULENAERE-DOUYERE, *Histoire et mémoire de l'Académie des Sciences*, Paris, TEC-DOC, 1996, p. 123-125 ; G. HUARD, « Les planches de l'*Encyclopédie* et celles de la *Description des Arts et Métiers* de l'Académie des sciences », dans *L'« Encyclopédie » et le progrès des sciences et des techniques*, Paris, PUF, 1952, p. 35-46. Mme Pinault-Sorensen prépare à ce sujet un important ouvrage.

9. FONTENELLE, *Histoire de l'Académie Royale des Sciences*, t. I, p. 199 ; R. HAHN, *The Anatomy of a Scientific Institution : the Paris Academy of Sciences, 1666-1803*, Berkeley, 1971, p. 68 ; C. C. GILLISPIE, *Science and Polity in France in the End of the Old Regime*, Princeton, 1980, p. 344-356.

10. GUENOUN, p. 119-120 ; HALLEUX-MC CLELLAN, p. 413-440.

11. E.MAINDRON, *L'Académie des Sciences. Histoire de l'Académie. Fondation de l'Institut National. Bonaparte membre de l'Institut National*, Paris, Alcan, 1888, p. 103-110.

pagnoit pas toujours »[12]. Enfin, l'Académie mena de nombreuses recherches collectives, par exemple sur le profil des dents des engrenages ou sur le frottement des cordages.

Du côté de l'enseignement, le besoin se faisait depuis longtemps sentir d'une formation technique pour les cadres supérieurs. Dès le début du XVIe siècle, les jésuites enseignaient dans leurs collèges aux futurs officiers, ingénieurs militaires et diplomates, la *mathematica mixta*[13] qui comprenait toutes les disciplines mathématisées et mathématisables : l'usage des instruments, la physique expérimentale, l'optique, la mécanique, l'hydrostatique, l'art de la guerre. C'est l'esprit des écoles militaires qui se multiplient en Europe[14].

Au XVIIIe siècle, la demande s'amplifie pour une formation standardisée, fondée sur une part croissante de sciences exactes. En France, Vauban crée en 1679 la première compagnie de mineurs qui deviendra sous Louis XV en 1750 le Corps du Génie. L'École du Génie de Mézières est établie en 1748 sur les instructions de d'Argenson. L'esprit de cette formation est nettement circonscrit en 1751 par l'ingénieur en chef Camus : « M. D'Argenson, voulant que tous les ingénieurs parlent la même langue mathématique, m'a ordonné de faire un cours de mathématique qui contienne l'arithmétique, la géométrie, la mécanique et l'hydraulique (...) C'est ce cours de mathématique que M. d'Argenson demande que l'on sache sur le bout du doigt, et il veut que l'on en rende compte avec la plus grande netteté »[15].

Dans le domaine du génie civil, l'École des Ponts et Chaussées de Paris, fondée en 1747, fut la première à former des ingénieurs à des fins civiles. Elle est liée à la centralisation des travaux publics et à la structuration définitive du Corps des Ponts et Chaussées en 1716. En fait, c'est le bureau des dessinateurs qui, simple service de l'administration des Ponts et Chaussées, devient peu à peu un lieu d'enseignement. En 1775, elle sera définitivement érigée en École par Turgot. L'objectif est bien décrit par Prony dans sa notice sur Jean-Rodolphe Perronet (1708-1794), organisateur de l'École, « Les ingénieurs ne se préparaient à l'exercice de leur art que par des études isolées,

12. BNF, manuscrit fr. 22225, f. 7-10. Je remercie Christiane Demeulenaere-Douyère et le regretté David Sturdy de m'avoir communiqué la transcription de O. Courcelle et Irène Passeron.

13. Antonella ROMANO, *La contre-réforme mathématique. Constitution et diffusion d'une culture mathématique jésuite à la Renaissance*, École Française de Rome, 1999 (Bibliothèque des Écoles Françaises d'Athènes et de Rome, 306).

14. Horacio CAPEL, J. E. SANCHEZ, O. MONCADA, *De Palas à Minerva. La formación científica y la estructura institucional de los ingenieros militares en el siglo XVIII*, Madrid, CSIC, 1988.

15. Voir R. TATON (éd.), *Enseignement et diffusion des sciences au XVIIIe siècle*, Paris, Hermann, 1986.

presque toujours incomplètes. La plupart même ne s'étaient jamais occupés d'études théoriques et ne connaissaient d'autres guides que l'imitation ou la routine. A la faiblesse de l'instruction se joignait le grave inconvénient du manque absolu d'uniformité dans la méthode du travail tant pour la conception et la rédaction des projets que pour les procédés d'exécution »[16].

C'est dans les techniques à forte charpente physico-mathématique, architecture, hydraulique, génie civil et militaire, que la nouvelle science entendit d'abord s'appliquer. Ainsi Bernard Forest de Belidor dans sa *Science des ingénieurs*[17] : « L'opinion qu'il n'y a que la seule pratique qui peut les mener au but, est encore un obstacle qui n'est pas le moins difficile à vaincre. Il est bien vrai que l'expérience contribue beaucoup à donner des connaissances nouvelles, et qu'elle fournit tous les jours aux plus habiles gens des sujets de réflexion dont ils ne se seraient peut-être pas avisés, si elle ne les avait fait naître : mais il faut que cette expérience soit éclairée, sans quoi l'on ne peut avoir que des idées très confuses sur tout ce qui se présente ; on voit toujours les objets par la même face, on veut qu'ils soient tels qu'on nous a dit qu'ils étaient, ou tels qu'il a plu à notre imagination de nous les représenter, et qu'on soit dans le vrai ou non, on passe toute sa vie sans rien avoir de juste et de précis sur ce que l'on croit posséder le mieux. De là vient que bien des choses imparfaites demeurent toujours dans le même état ». De fait, son cours d'architecture hydraulique commence par un véritable cours de physique théorique. Il faudrait continuer par l'histoire des cours gratuits de dessin pour les artisans, les cabinets et les collections de modèles. Mais dans bien des cas, l'intention valait mieux que le résultat. Il faudra bien du temps pour que tous les métiers soient « réduits en arts » et « fondés sur des principes certains »[18]. La chimie lavoisienne aura du mal à s'introduire dans l'industrie chimique, avec des échecs retentissants[19].

C'est à un autre livre qu'il appartient d'écrire l'histoire des sciences appliquées. On y verrait comment la science se veut utile, et comment elle s'emprisonne dans ses applications, comment les métiers sont mis au pas, scientificisés, jusqu'au moment où l'usine se réduit à un écran d'ordinateur.

16. Antoine PICON, *L'invention de l'ingénieur moderne. L'École des Ponts et Chaussées, 1747-1851*, Paris, Presses de l'ENPC, 1992. Voir aussi Antoine PICON, *Architectes et ingénieurs au siècle des Lumières*, Marseille, 1989 ; Antoine PICON, *L'ingénieur-artiste*, Paris, Presses de l'ENPC, 1989.

17. BELIDOR, *La science des ingénieurs dans la conduite des travaux de fortification et d'architecture civile*, Paris, 1729, préface.

18. P. DUBOURG GLATIGNY, H. VERIN (éds), *Réduire en art. La technologie de la Renaissance aux Lumières*, Paris, AMSH, 2008.

19. F. CARON, « Science chimique et technique chimique, XIXe-XXe siècles », dans *L'actualité chimique*, Janvier-Février 1987, p. 31-35.

Mais au détour de l'industrie, le savoir de la main affleure quelquefois et continue d'émerveiller. C'est ce vieux mineur d'Atacama qui prédisait les séismes en écoutant pleurer la montagne, ce petit commerçant qui reconnaissait les faux billets en les froissant à son oreille, ce fondeur zoulou qui crachait dans le métal fondu pour tester sa température, ou ce camarade métallo qui, d'un seul regard au four électrique, pouvait dire : « Monsieur l'Ingénieur, à votre place je remettrais cinquante kilos de manganèse ». Ces hommes de savoir, que j'ai eu l'honneur de connaître, sombrent peu à peu dans l'oubli.

Puisque j'ai commencé le livre par un souvenir, on me permettra de le terminer par un autre. A l'été 2000 se tint à Budapest la Conférence Mondiale de la Science, sous l'égide de l'UNESCO et du Conseil International des Unions scientifiques (ICSU)[20]. J'étais à cette époque secrétaire général de l'Union Internationale d'Histoire et de Philosophie des Sciences, que présidait un vieux sage indien, Bidare V. Subbarayappa. Forts du soutien des pays du Sud, nous décidâmes d'organiser une session sur « la science et les connaissances traditionnelles » (*Science and Traditional Knowledge*). On entendit de beaux exposés sur la valorisation des ressources piscicoles par les pêcheurs des Philippines, sur la gestion de la forêt par les Aborigènes, sur l'agriculture traditionnelle au Sénégal, sur la phytothérapie Nahuatl, et le témoignage pathétique d'un vieux chef de la tribu Cree qui ramenait à la forêt les loubards des villes pour leur réapprendre les gestes de leurs ancêtres. Une motion fut élaborée, qui invitait la communauté scientifique à prendre en compte ces savoirs négligés. A l'assemblée générale, elle fut passionnément combattue par les Anglo-Saxons issus des sciences « dures ». A l'assemblée suivante, qui se tenait au Caire, elle fut évacuée.

Dans l'avion du retour, qui survolait le haut plateau d'Anatolie, on me raconta, pour me consoler, l'histoire (éculée) de l'ivrogne qui, le soir, à quatre pattes au pied d'un réverbère, cherche ses clefs. Au policier compatissant qui lui demande : « Etes-vous sûr de les avoir perdues ici, vos clefs ? », le pochard répond : « Non, mais c'est seulement ici qu'il y a assez de lumière pour les chercher ».

20. *World Conference on Science. Science for the Twenty-first Century. A New Committment*, UNESCO, 2000.

TABLE DES MATIÈRES

Armand Colin Éditeur
21, rue du Montparnasse, 75006 Paris
11006736 - (I) - (1,6) - BSB 90° - EXT - BTT
Dépôt légal : octobre 2009

Achevé d'imprimer sur les presses de SNEL – Z. I. des Hauts Sarts - Zone 3
Rue Fond des Fourches 21 – B-4041 Vottem (Herstal)
Tél +32 (0)4 344 65 60 - Fax +32 (0)4 286 99 61 – septembre 2009 – 49090

Imprimé en Belgique